艾奉平 ◆ 主编

Scratch
算法探秘

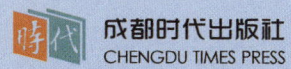

成都时代出版社
CHENGDU TIMES PRESS

图书在版编目（CIP）数据

Scratch算法探秘 / 艾奉平主编. -- 成都：成都时代出版社，2022.10

ISBN 978-7-5464-2973-1

Ⅰ.①S… Ⅱ.①艾… Ⅲ.①程序设计 Ⅳ.①TP311.1

中国版本图书馆CIP数据核字(2022)第028068号

Scratch 算法探秘
SCRATCH SUANFA TANMI

艾奉平 主编

出 版 人	达 海
责任编辑	蒋雪梅
责任校对	张 巧
装帧设计	成都原创动力
责任印制	车 夫

出版发行	成都时代出版社
电 话	（028）86742352（编辑部）
	（028）86763285（市场营销部）
印 刷	成都博瑞印务有限公司
规 格	185mm×260mm
印 张	6.25
字 数	40千
版 次	2022年10月第1版
印 次	2022年10月第1次印刷
书 号	ISBN 978-7-5464-2973-1
定 价	38.00元

著作权所有·违者必究

本书若出现印装质量问题，请与工厂联系。电话：（028）85951708

编委会

主　　编　艾奉平
副 主 编　龙荣华　蔡晓富　王　鹏
参与编写　张　恒　朱凌佼　周　由
　　　　　　　汤若冲　熊　丽　刘曾花

前 言

你想学习生活中的各种算法吗？比如：找出可爱的水仙花数、求整数的约数、判断质数、找到班级之最、有趣的选择排序和冒泡排序……再比如：查找是信息世界中最重要的操作之一，世界上近乎有一半算法，都是在处理提高查找速度这件事儿。二分查找——一种有效的查找方式——是如何实现的呢？怎样使用递归画出有趣的图形？石头剪刀布游戏怎样设计？等等。

Scratch是一款主要面向8～16岁青少年的图形化编程工具，学习者可以编写属于自己的互动媒体，比如：故事、游戏、动画等，并可以将其分享给网上的学习伙伴。

在计算机的世界里，到处都是算法。《Scratch算法探秘》是一本非常有趣的算法启蒙书，是一本充满智慧和趣味的算法入门书。它没有枯燥的描述，没有难懂的公式，一切以实际应用为出发点，从中小学生的角度，用简单的方法来讲解算法。学习时你更像是在玩一把趣味解谜游戏，在轻松愉悦中掌握算法的精髓，感受算法之美，改变思维，学会如何思考。让我们的思维插上计算机的翅膀，以一种全新的方式来感知世界吧！

《Scratch算法探秘》以萨卡拉奇王国探秘为背景，以任务驱动的思想，提出任务，结合生活实例和数学知识，引导学生对任务进行分析，归纳出生活中的一般方法，再结合计算机的特点设计出计算机的算法。并引导学生一步一步分析算法要点，利用Scratch编写程序来解决问题。再引导学生进行深入理解，提出更高的挑战任务。学会之后，你可以灵活应用所学知识创造性地去解决问题。

学习内容与学习思路

《Scratch算法探秘》以Scratch作为载体，分为13节课学习，涉及的算法有穷举、递推、贪心、选择排序、冒泡排序、二分查找、递归等等。

每课包含背景、一般方法、计算机的算法、Scratch实现、深入理解、挑战等模块，通过编程创作的形式，去解决实际案例，培养学生的创新意识、创新能力、计算思维等。为了最大化利用好本书，老师和同学们可以给每部分足够的思考和完成时间。

一般方法是我们在日常生活中能想到的解决问题的方法。在这里可以展开积极的讨论，尽可能地将想到的思路有条理地描述和记录。

在一般方法的启发下，将问题抽象为计算机能够处理的数据，建立数据之间的联系，理解计算机的执行过程，画出流程图。

可以先尝试参考流程图，自己开动脑筋动手完成程序，再运行调试；还可以展开讨论。如果难度太大，可以在书上提供的参考模块的引导下完成程序。

通过完成前面的基础任务，你会对算法有一个初步的体验，获得算法的感性知识。在深入理解中，我们会对算法的基本思想和算法的应用情境进行讲解应用，或是对一些相关知识点进行介绍。

在挑战中，我们应扩大应用范围，去发现规律，进行算法的优化，应用技巧高效地解决生活中的一些复杂的实际问题。如果有一定难度，也没关系，等学完后面的内容，再返回来看，说不定就灵光一现，顺利解决了。

目 录

第一课　生活中的算法……………………………… 01

第二课　水仙花数…………………………………… 06

第三课　约　数……………………………………… 14

第四课　质　数……………………………………… 21

第五课　认识递推…………………………………… 28

第六课　求最大值…………………………………… 34

第七课　选择排序…………………………………… 38

第八课　冒泡排序…………………………………… 43

第九课　二分查找…………………………………… 50

第十课　认识函数…………………………………… 56

第十一课　体验递归………………………………… 66

第十二课　石头剪刀布……………………………… 76

第十三课　语音识别………………………………… 83

附　录………………………………………………… 87

第一课 生活中的算法

请问你会做蛋炒饭吗？你能写出做蛋炒饭的做法吗？把你写的"蛋炒饭"做法和同学交流一下，看看你们写的是不是一样的。

蛋炒饭的做法，就是蛋炒饭算法，只要我们按照上面步骤一步步完成，就能做出蛋炒饭。

在我们生活中，还有各种各样的算法。

算法，就是解决特定问题的方法和步骤。

 牛奶，还是豆浆？

小林同学一不小心把给爸爸妈妈准备的牛奶和豆浆装反了，现在他需要把杯子里的豆浆和牛奶交换一下。你能帮他吗？

爸爸的杯子　　　　　　妈妈的杯子

图1-1　牛奶，还是豆浆？

把杯子里的牛奶用力洒向天空，趁牛奶没有落地，马上把杯子里的豆浆倒进另一个杯子里，然后用空出来的杯子接住下落的牛奶。

不，你不能这样做。我们既不能保证一口气把牛奶洒向空中，也不能保证用杯子接到所有的牛奶。操作要求稳定可行，每一步都是一定能完成的。显然，我们可以再找一个碗来解决这个问题：

第1步，将牛奶倒入空碗；

第2步，将豆浆倒入空杯子；

第3步，把碗中的牛奶倒进空杯子。

现在，问题解决了。上面的"第1步，第2步……"就是交换牛奶和豆浆的算法。

 人、狼、山羊和白菜

一个人带着狼、山羊和白菜来到一条河边，想要到河对岸去。岸边有一条小船，小船只能装下这个人以及狼、山羊和白菜这三样之一。只有人会驾船，如果没有人照看，狼会吃羊、羊会吃白菜。请问你能设计一个算法，让他们安全地渡河吗？

第1步，人带着_____乘船从左岸到右岸；

第2步，_____；

第3步，_____；

（请补充余下的步骤）

 最快回家路线

全全是一个喜欢探险的同学，每天放学回家，他都会努力去探索一条新的回家路线，并且回家后把路线记录下来。现在全全有个想法，找出这些路线里回家最快的一条路线。

第1步，简化地图，只留下全全走过的路，并记录每条路上花费的时间。

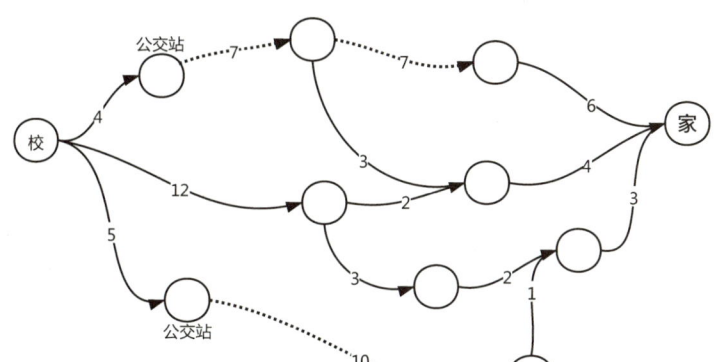

图1-2　回家路线图

第2步，把所有的回家路线方案列出来，并求出每条路回家花费的时长，这一步要注意做到不重复路线，不遗漏路线。

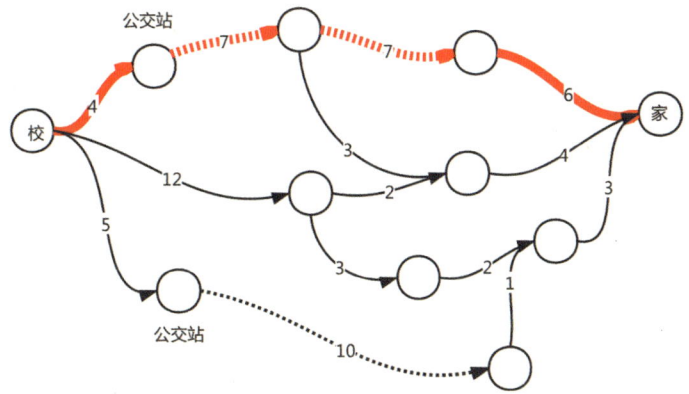

图1-3　回家路线方案1，总花费24分钟

请同学在下面的空图里面标注出不同的回家路线，并计算每条路线花费的时间：

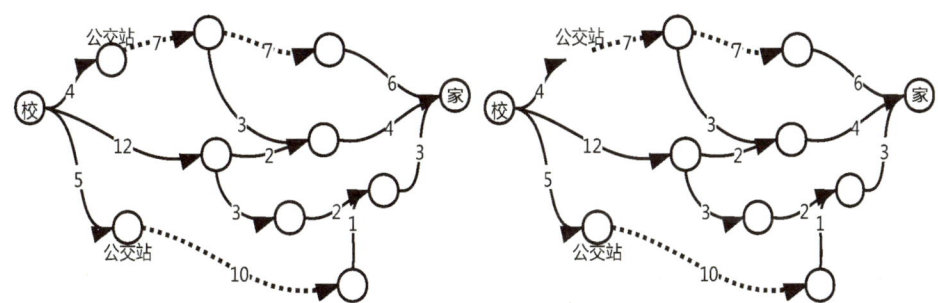

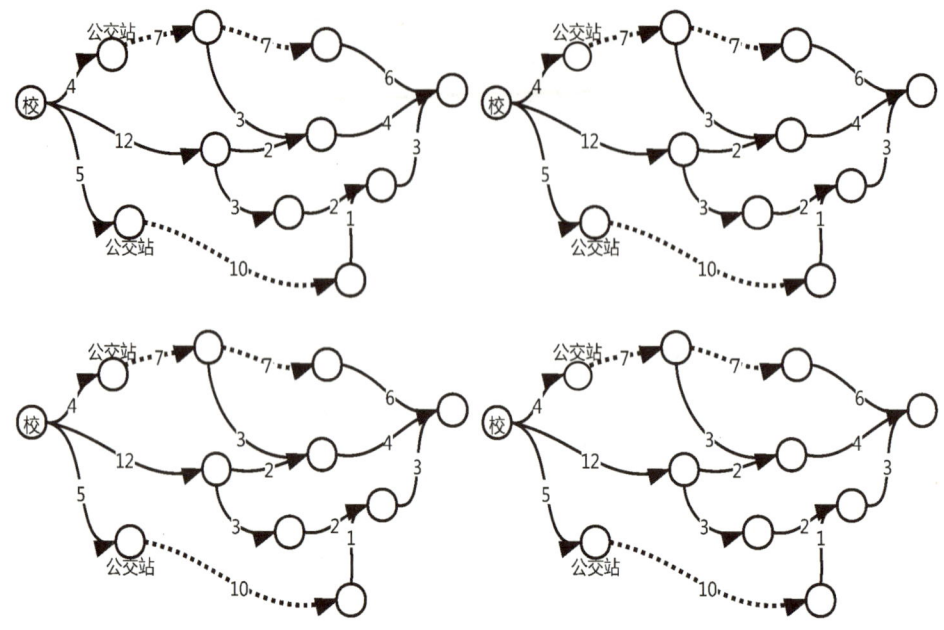

图1-4 回家路线方案

第3步,在第2步算出的时长中,找到最短的时间。

 算法的描述方法

描述算法的方法有:自然语言、流程图和伪代码。

1. 自然语言。就是大家日常说话的方式:第一步做什么;第二步做什么……。自然语言虽然方便,但有时显得啰嗦,而且语言不严谨,容易产生歧义。

2. 流程图。用约定的一组标准图形来描述算法操作,每个操作之间用带箭头的线条连接,跟着箭头方向一步步执行操作,就能实现算法。相对于文字描述,流程图更直观,更容易懂。

3. 伪代码。伪代码是一种类似英语和程序之间的算法语言,能让程序员更方便地描述算法。

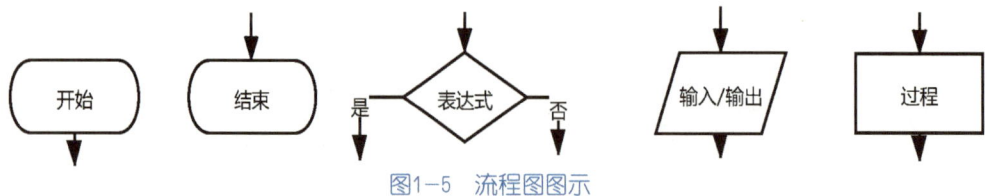

图1-5 流程图图示

下面是一个用天平在A、B、C三个小球中找出最重的小球的算法。你能把图中画横线的地方补充完整吗？

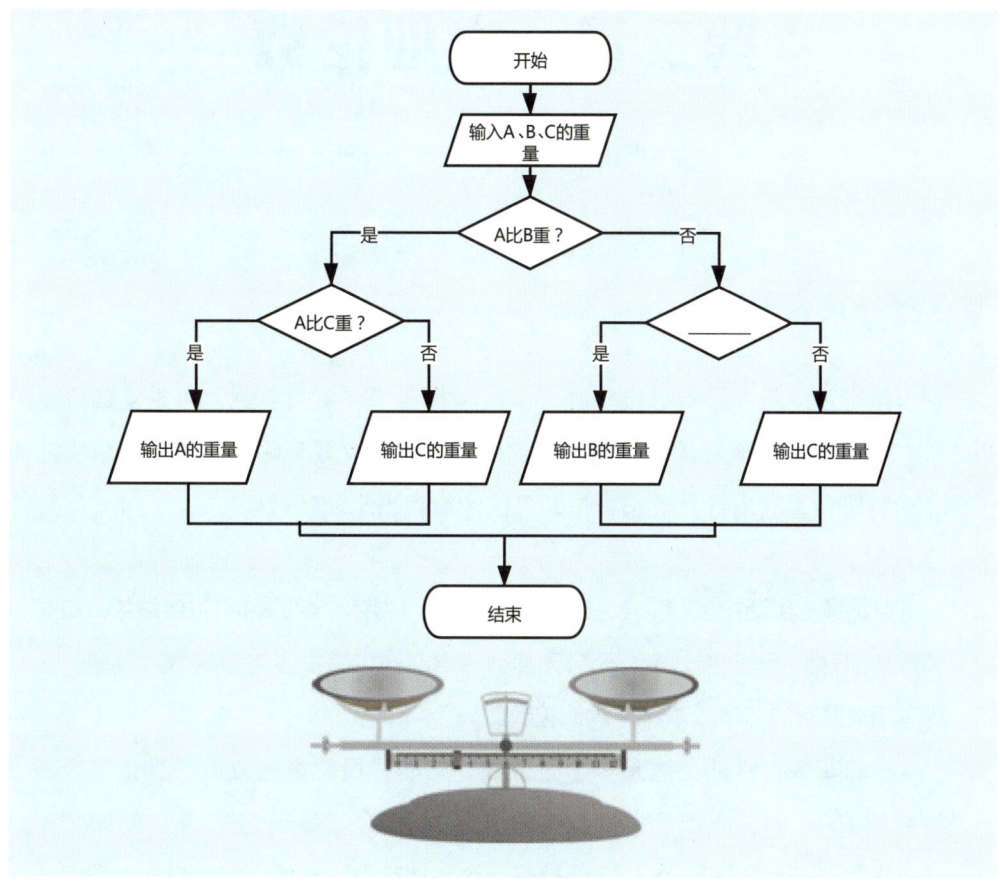

图1-6 小球称重

大家一定听过数学家高斯的故事吧。有一次，老师让小高斯和他的同学计算1+2+3+…+100，当高斯的同学还在认真做加法计算的时候，高斯已经算出来和为5050了。因为他发现1+100和2+99和3+98…相加的和都是101，这样的数一共有50对，于是101×50=5050，答案就出来了。同样是计算1到100的和，如果用加法要计算99次，用高斯的方法只需要2次（一次加法，一次乘法），显然高斯的方法更快，效率更高。

我们既要学习算法解决问题，同时也要思考算法的效率，让工作又快又好地完成。

第二课　水仙花数

背　景

萨卡拉奇王国正在举行寻宝比赛，卡特喵找到了一个大宝藏，可是宝藏需要密码才能打开（提示：所有的水仙花数相加的结果就是宝藏密码）。为了能尽快打开宝藏，卡特喵希望利用计算机来帮忙，怎么才能找出水仙花数呢？

> 　　自然数：生活中0、1、2、3…这些用于表示物体个数的数字叫自然数，自然数从0开始，一个接一个，无穷无尽。在自然数中有很多神奇的数，其中一种有个很好听的名字，叫作"水仙花数"。
> 　　水仙花数：水仙花数是一个三位数，它的"百位数的立方"加上"十位数的立方"再加上"个位数的立方"之和恰好等于它本身。例如：153=1×1×1+5×5×5+3×3×3，153就是一个水仙花数。水仙花数也被称为超完全数字不变数、自恋数、自幂数、阿姆斯壮数或阿姆斯特朗数。

一般方法

1．水仙花数是特殊的三位数，所以先找出所有的三位数，即100，101，102，103…999。

2．从第一个三位数100开始判断，它的百位、十位、个位的三次方之和是否等于这个三位数，如果相等，就找到了一个水仙花数，将这个数记录下来。

3．继续用同样的方法判断下一个三位数。

4．将所有的三位数都分解比较完了，找到所有的水仙花数：153、370、371、407。

算法示例如图2-1所示：

图2-1 穷举算法示例

上面我们采用的方法是将所有可能的数据一一列举出来，再逐个判断是否满足要求，这种算法叫"穷举法"。计算机实现穷举的算法很容易，只是需要用计算机的指令来表达。

1．建立列表"水仙花数"，用于存放并输出（显示）最后找到的水仙花数。

2．建立变量"n"，用于存放当前的三位数，初始值设为100。

3．建立变量"a"，用于存放三位数n的百位。

4．建立变量"b"，用于存放三位数n的十位。

5．建立变量"c"，用于存放三位数n的个位。

6．循环执行下列操作，从n=100开始，直到n大于999：

  6.1 求出a的值，即n的第1位（百位）；

  6.2 求出b的值，即n的第2位（十位）；

  6.3 求出c的值，即n的第3位（个位）；

  6.4 如果百位立方a*a*a、十位立方b*b*b、个位立方c*c*c三者之和等于n，则将n加入到列表"水仙花数"中；

  6.5 n增加1。

7．结束。

列表中显示的4个数：153、370、371、407即为找到的水仙花数。

算法流程图如图2-2所示：

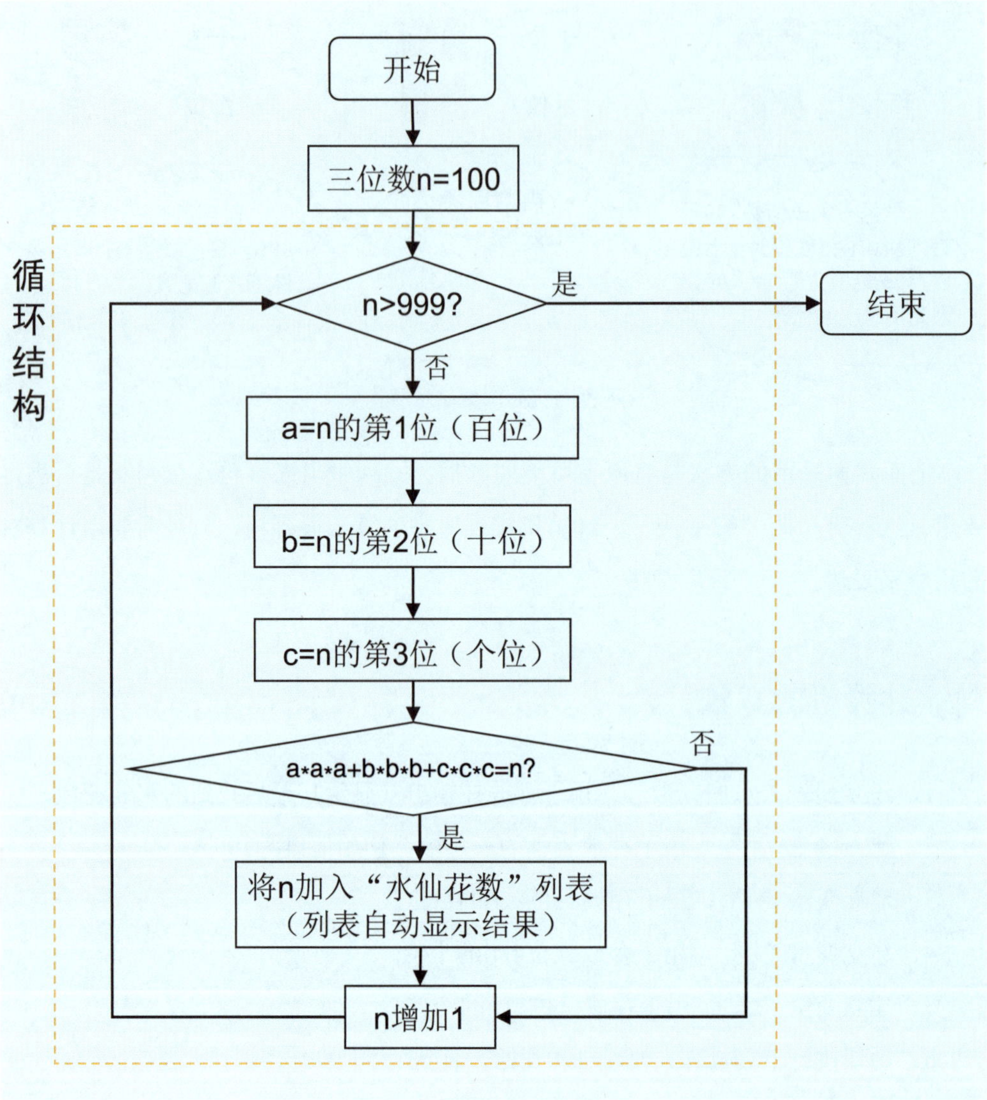

图2-2　水仙花数流程图1

Scratch 实现

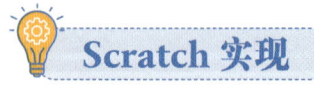

【先思考】

对每一个三位数进行判断，是否是水仙花数，我们需要思考下面的问题：

1．应该从哪一个数开始判断，即 n 的初始值应该是多少？

2. 判断到哪一个数结束,即什么情况下n不用再判断?

3. 如何分解三位数n的百位数字a、十位数字b、个位数字c,并求出其立方?

4. 如何判断三位数n是水仙花数?

5. 判断完了当前数,如何让n变为下一个数?

6. 如何让水仙花数显示出来?

【再动手】

1. 建立变量

我们需要建立4个变量:n、a、b、c,还需要建立1个列表:水仙花数,如表2-1所示:

表2-1　变量表

变量名称	初始值	作用
n	100	存放当前的三位数
a	无	存放n的百位
b	无	存放n的十位
c	无	存放n的个位
水仙花数	无	存放找到的水仙花数

单击"变量"→"新建变量",如图2-3所示:

图2-3

单击"变量"→"新建列表"→输入列表名称"水仙花数"→"确定",如图2-4所示：

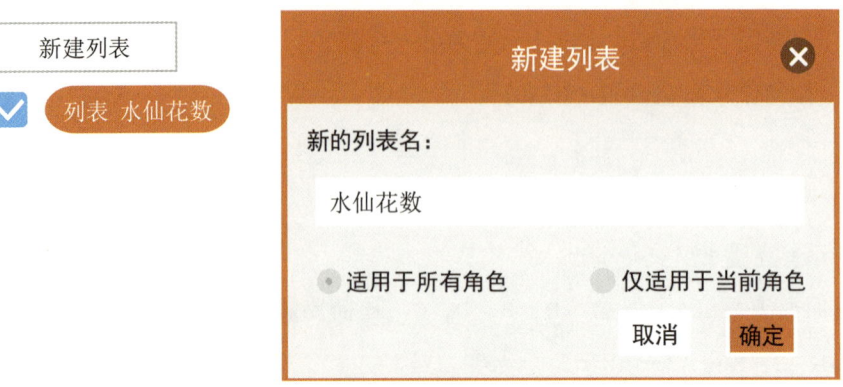

图2-4　列表示例

注意：将列表"水仙花数"前的小框勾选（默认为已勾选），则在运行窗口中会自动显示列表中的所有内容；若不勾选，则会隐藏列表中的内容。

2．编写程序

参考流程图（图2-2）和提供的模块（图2-5），自己动手编写程序。

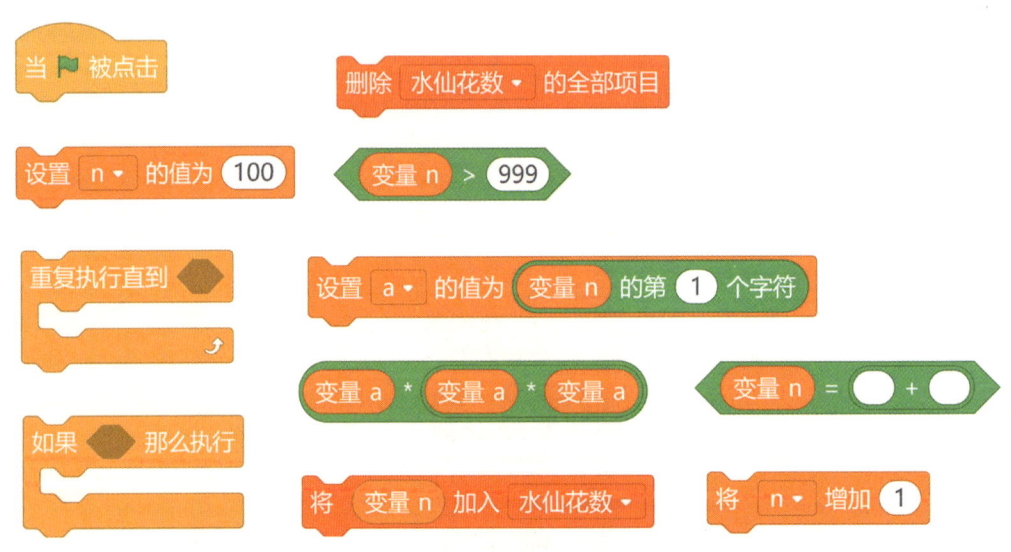

图2-5　水仙花数参考模块

3. 调试程序

脚本写完后，要调试运行一下，能否得到正确的结果？比如可以把输出结果与手工处理的正确结果比较一下，看看是否相同？

很轻松地找到了水仙花数，分别是：153、370、371、407，如图2-6所示：

自己验证一下，这四个数字符合水仙花数的定义么？

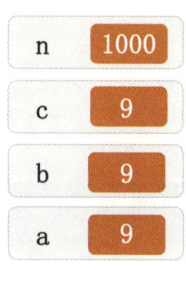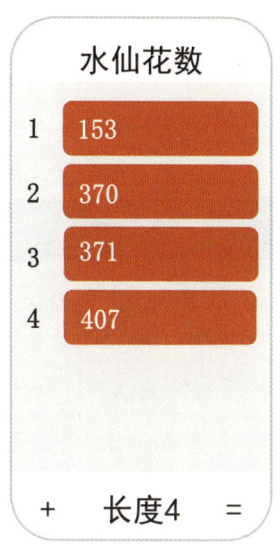

图2-6

1．穷举法也称为枚举法，是一种简单而直接的解决问题的方法。其基本思想是对于要解决的问题，一一列举出它的所有可能，逐个判断哪些是符合问题所要求的条件，若符合，则为本问题的一个解，若不符合，则排除，直到全部可能验证完毕。

2．穷举的作用：

（1）理论上，暴力穷举可以解决计算领域中的各种问题，其应用领域是非常广阔的。比如：忘记了密码，可以用穷举算法一一的尝试等。

（2）在实际应用中，如果数据规模太大，穷举法的效率会较低。比如在全中国找某一人，一一穷举效率很低。此时可通过限制，排除一些不相关的条件，根据问题分析归纳，寻找简化规律，精简穷举循环次数，优化穷举策略来减少计算量。比如加入要查找的人的姓名，年龄等等，都可以减少计算量。

3．穷举的基本要素：

（1）穷举范围。问题的解在哪个范围内？水仙花数是一种特殊的三位数，所以范围是所有的三位数100～999。

（2）筛选约束条件。什么样的数是水仙花数？百位数的立方、十位数的立方、个位数的立方之和等于自己的三位数。

请完成表格2-2：

表2-2 穷举算法示例

问题	穷举范围	约束条件
水仙花数	三位数100～999	百位立方＋十位立方＋个位立方＝当前三位数
四叶玫瑰数		
特殊两位数（将x的个位数字与十位数字对调后得到一个新数y，此时y恰好比x大36）		

> 四叶玫瑰数：是指四位数各位上的数字的四次方之和等于本身的数。

1．是否可以用另一种方式来产生三位数，再求水仙花数。

提示：三位数由百位数字（1~9）、十位数字（0~9）、个位数字（0~9）组成，所以可以分别穷举百位数字、十位数字、个位数字，用三重循环来产生100～999。

参考流程图如图2-7所示：

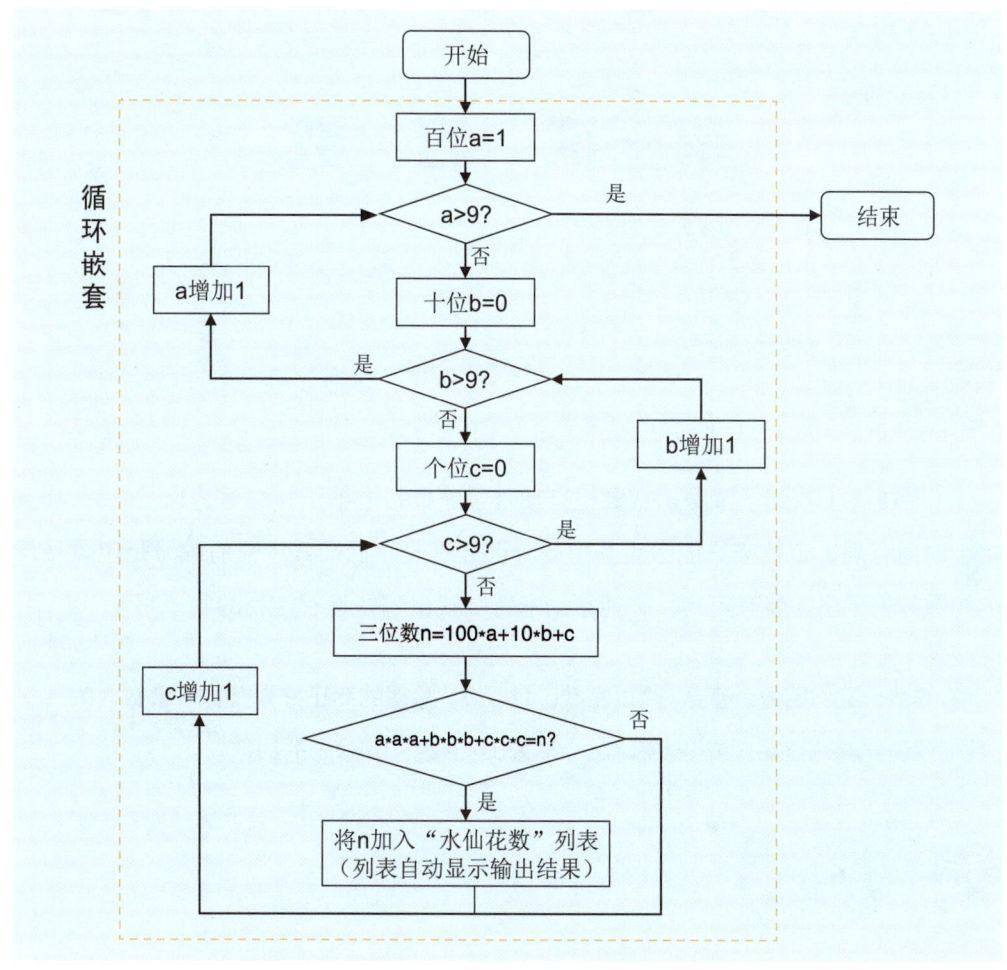

图2-7 水仙花数流程图2

2．编写程序，找出所有的四叶玫瑰数。

3．一个两位数x，将它的个位数字与十位数字对调后得到一个新数y，此时y恰好比x大36，请找出所有这样的两位数。

【课外知识】

为什么这样的数字叫水仙花数呢？这其中还有个小故事，据说它的故事来源于古希腊神话中的美少年那喀索斯（Narcissus），他在水塘边被自己水中的美丽倒影吸引，久久不愿离开，最后抑郁而死，化作一朵水仙花，命名为Narcissus。也因为这个故事，人们用narcissism形容那些异常喜爱自己容貌、有自恋倾向的人。水仙花数又被称为"自恋数"。

第三课 约 数

卡特喵终于找到了宝藏，宝藏里有18（宝藏数）个箱子，编号为1、2、3…18。由于时间有限，卡特喵只能搬走其中的一部分箱子。已知其中只有编号是宝藏号18的约数的箱子里才装有宝物，你能帮助卡特喵找出哪些是有宝物的箱子吗？

> 约数：又称因数。整数a除以整数b（b≠0）除得的商正好是整数（余数为0），我们就说a能被b整除，或b能整除a。a称为b的倍数，b称为a的约数。

1．根据约数的定义，18的约数只存在于1，2，3…18中；

2．从第一个数1开始判断，如果18除以1，余数为0，则1是18的约数，将这个数记录下来；如果余数不为0，则这个数不是18的约数；

3．继续用同样的方法判断下一个数；

4．将所有的数都判断完了，找到18的所有约数：1、2、3、6、9、18。

算法示例如图3-1所示：

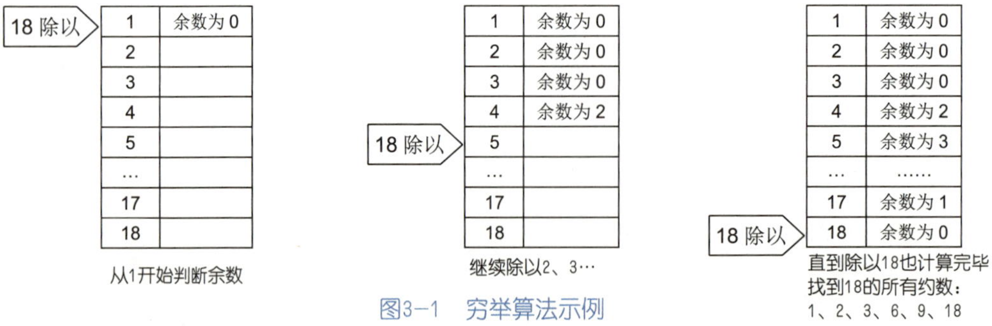

图3-1 穷举算法示例

计算机的算法

"穷举法"可将所有可能的数据一一列举出来，并判断是否符合要求。

18的约数范围一定在1~18之间，所以可以穷举1~18中的所有数。

1. 建立列表"约数"，用于存放并输出（显示）最后找到的所有约数。
2. 建立变量"n"，用于存放求约数的整数，初始值设为18。
3. 建立变量"i"，用于存放1~n之间的所有整数，初始值设为1。
4. 建立变量"yu"，用于存放n除以i的余数。
5. 循环执行下列操作，直到i大于n：

    5.1 求出yu的值，即n除以i的余数；

    5.2 如果yu等于0，则i为n的约数，将i加入到列表"约数"中；

    5.3 i增加1。

6. 结束。

列表"约数"中显示的6个数：1、2、3、6、9、18，即为18的约数。

如果i小于等于n，则第5步中的步骤将被多次执行，这种程序结构称为"循环"结构。

算法流程图如图3-2所示：

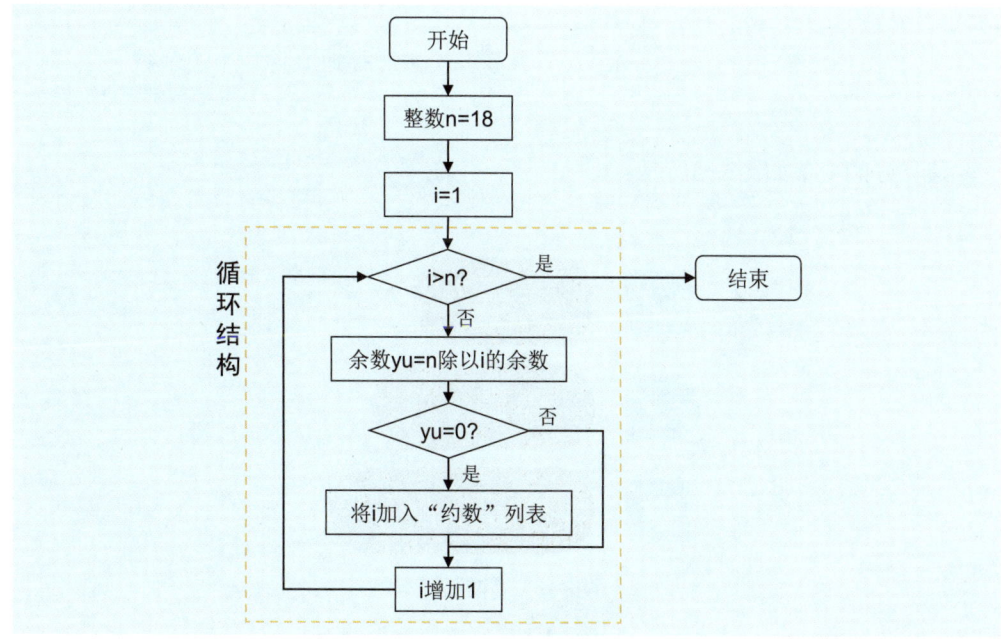

图3-2 求约数流程图1

Scratch 实现

【先思考】

1. 整数n的约数范围是什么？
2. 穷举约数变量i应该从哪一个数开始？
3. 穷举约数变量i应该在哪一个数结束？
4. 如何判断i是整数n的约数？
5. 判断完了当前数，如何让i变为下一个数？
6. 如何显示找到的约数？

【再动手】

1. 建立变量

我们需要建立3个变量：n、i、yu，如表3-1所示：

表3-1 变量定义

变量名称	初始值	作用
n	18	存放当前求约数的整数
i	1	遍历1~n之间的所有整数
yu	无	存放n除以i的余数

建立好的变量如图3-3所示：

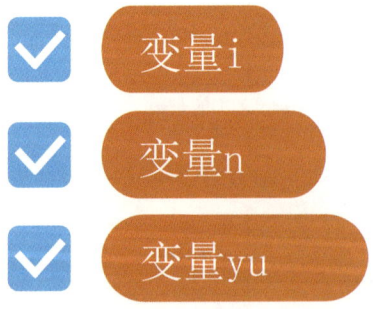

图3-3 变量示例

建立列表"约数"，并默认勾选显示。

2．编写程序

参考流程图（图3-2）和提供的模块（图3-4），自己动手编写程序。

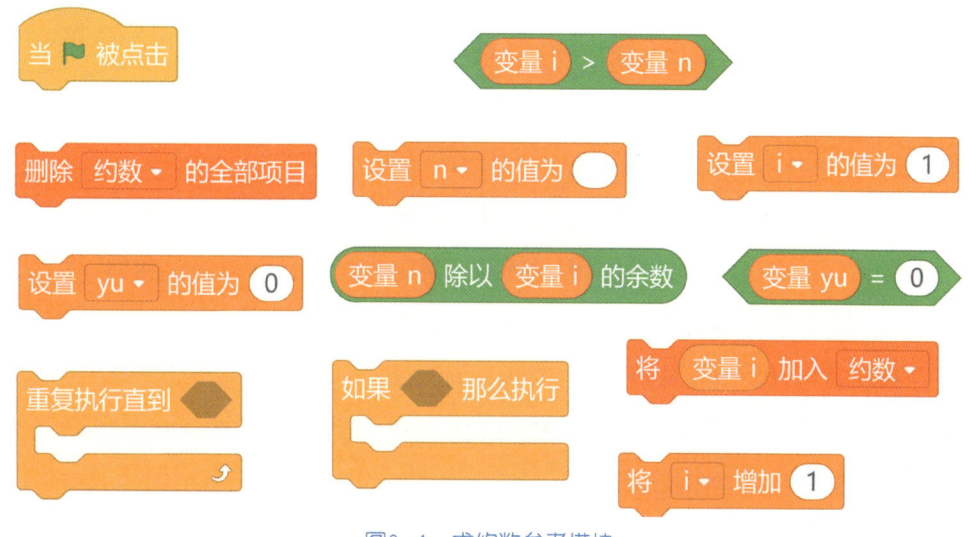

图3-4　求约数参考模块

3．调试程序

调试运行脚本，看看能否得到正确的结果？

找出18的约数为：1、2、3、6、9、18，运行结果如图3-5所示：

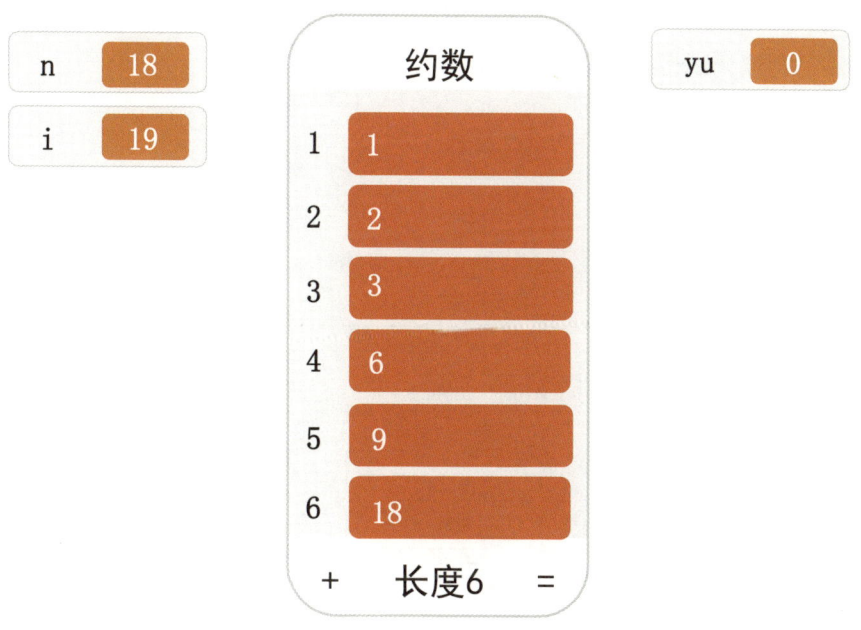

图3-5　求约数运行结果示例

请仔细观察18的约数1、2、3、6、9、18，数据之间有什么联系？

1是18的约数，18除以1的商18也一定是18的约数；

2是18的约数，18除以2的商9也一定是18的约数；

3是18的约数，18除以3的商6也一定是18的约数；

4不是18的约数，18除以4的商也一定不是18的约数。

其中，约数1、18看作一对，穷举约数变量i=1时，可同时找到1和18；同理，2、9和3、6都可各看作一对，分别是由穷举2和3的时候找到的。

仔细观察可以发现，从1和18，2和9，到3和6，两个约数是越来越靠近的，当i*i>18时，两个约数就交换了；比如i=6时，6*6>18，此时虽然判断出6是18的约数，但其实6已经由之前3找出来了。

因此可缩小穷举范围为1到i*i<=18的最后一个整数，即当i*i>18时退出循环。这样循环次数就从之前的18次减少到了4次，提高了效率。

1．是否可以用4次循环求出18的约数？

请编写程序调试运行，参考流程图如图3-6所示：

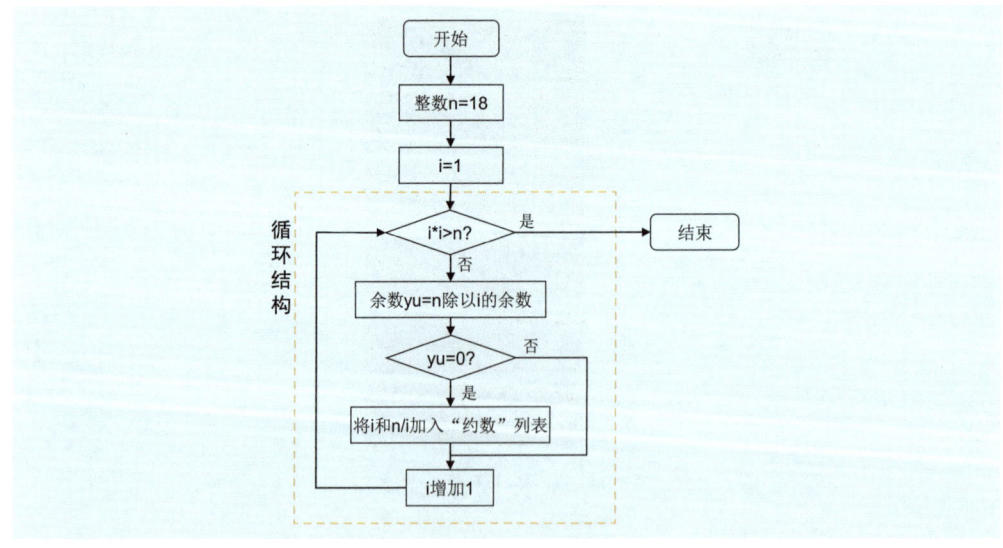

图3-6　求约数流程图2

2．编程求出整数80的约数及约数的个数。

3．用更高效的方法求n的约数。

提示：在求正整数n的约数时，注意：有一种特殊情况，如果i*i=n，此时i=n/i，i和n/i两个约数为同一个数。所以这种情况要单独处理。比如正整数36，i=6时，6是36的约数，虽然36/6=6也是36的约数，但与前面的6重合了，故只能将其中一个加入列表"约数"中。解决方法很简单，将这种特殊情况单独处理一下即可。

请编写程序调试运行，参考流程图和模块如图3-7所示：

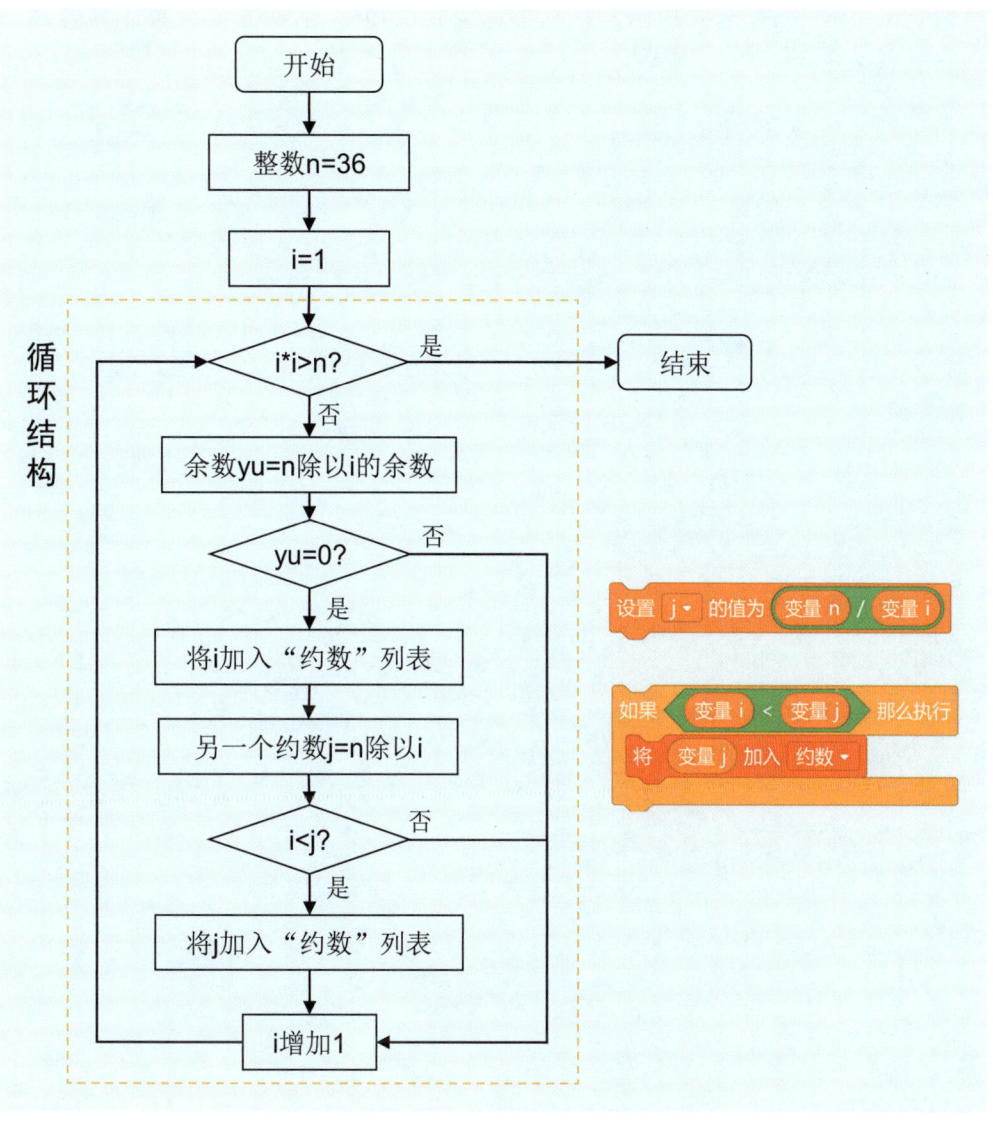

图3-7　求约数流程图3

4．如果一个正整数n除了约数n之外的其余约数之和等于n本身，则n称为完全数。如28=1+2+4+7+14，则28为完全数。请判断48是否是完全数，若是说"Yes"，若不是则说"No"。

【课外知识】

完全数（Perfect number），又称完美数或完备数，是一些特殊的自然数。它所有的真因子（即除了自身以外的约数）的和（即因子函数），恰好等于它本身。如果一个数恰好等于它的真因子之和，则称该数为"完全数"。第一个完全数是6，第二个完全数是28，第三个完全数是496，后面的完全数还有8128、33550336等等。

第四课　质　数

找到宝箱的卡特喵高兴极了，抱着箱子打算回家，可这时宝藏的出口突然变成了两条路，路边出现了一块石碑，上面写着："如果29是一个质数，则左边的道路是正确的，如果29不是一个质数，则右边的道路是正确的！"卡特喵必须根据提示选择出正确的道路，否则就不能带走宝箱。为了能带走宝箱，卡特喵希望利用计算机来帮忙，你能帮他做出正确的选择吗？

> 质数（Prime number）又称素数，有无限个。是指在大于1的自然数中，除了1和它本身以外不再有其他约数（因数）的数。

1．29除了1和本身外，需要判断其他数（即：2～28）是否是它的约数。

2．首先判断2是否是29的约数？不是。

3．再判断3是否是29的约数？不是。

4．继续判断4、5、6…28是否是29的约数。

5．如果发现2～28中某一个数是29的约数，则29不是质数，若都不是29的约数，29是质数。

算法示例如图4-1所示：

29除以	2	余数为1，2不是29的约数
	3	
	...	
	27	
	28	

从2开始判断是否是29的约数。

	2	余数为1，2不是29的约数
	3	余数为2，3不是29的约数
	...	……
	27	余数为2，27不是29的约数
29除以	28	余数为1，28不是29的约数

直到判断到28也不是29的约数，得到结果29是质数。

图4-1　穷举算法示例

计算机的算法

用穷举法穷举2~28的所有整数，再判断每一个数是否是29的约数。

1．建立变量"n"，用于存放需要判断的整数，初始值设为29。

2．建立变量"i"，用于遍历2~n-1之间的所有自然数，初始值设为2。

3．建立变量"yu"，用于存放n除以i的余数。

4．循环执行下列操作，直到i大于n-1时结束循环：

　　4.1　求出yu的值，即n除以i的余数；

　　4.2　判断如果yu等于0，则i是n的约数，说"不是质数"，转第6步；

　　4.3　i增加1。

5．说"是质数"。

6．结束。

其中循环的条件是"i小于等于n-1"，循环执行的操作是：4.1、4.2、4.3步，这部分重复执行的操作称之为"循环体"。

算法流程图如图4-2所示：

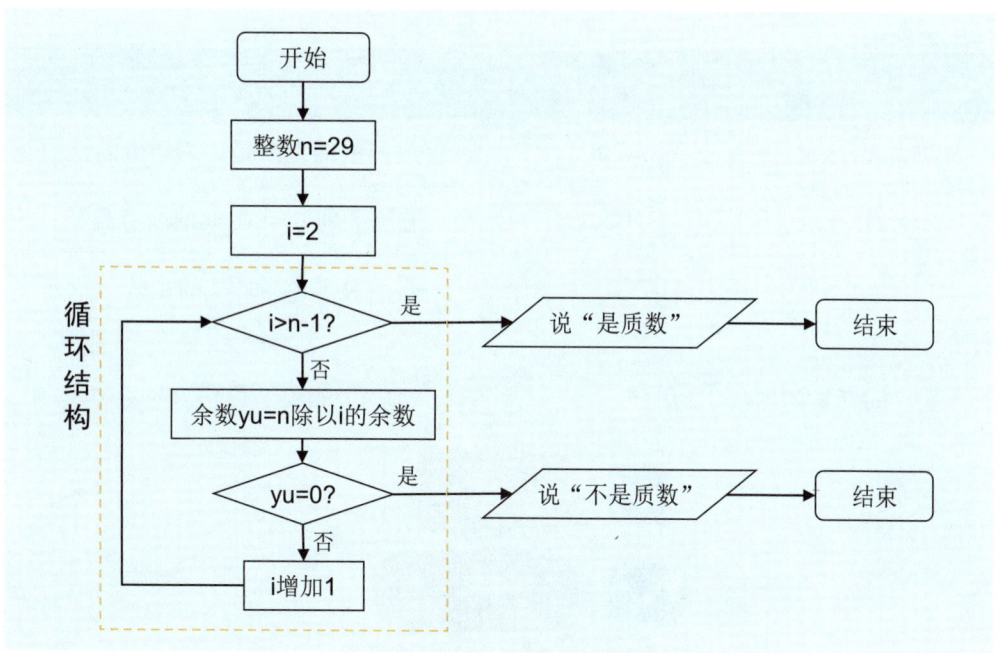

图4-2　判断质数流程图1

【先思考】

判断n=29是否是质数的关键在于除了1和29之外,是否还有其他的约数,我们需要思考下面的问题:

(1) 应该从哪一个数开始判断是否是n的约数,即约数变量i的初始值应设为多少?

(2) 到哪一个数结束,即i的终值应为多少?

(3) 如何判断i是n的约数?

(4) 如果i是n的约数,则应得到什么结论?后面的循环是否需要继续穷举?

(5) 判断完了当前数i,如何让i变为下一个数?

(6) 如何得到29是否是质数的结论?

【再动手】

1. 建立变量

我们需要建立3个变量:n,i,yu,如表4-1所示:

表4-1 变量定义

变量名称	初始值	作用
n	29	存放当前需判断是否为质数的整数
i	2	遍历2到n-1之间的所有整数
yu	无	存放n除以i的余数

建立的变量如图4-3所示：

图4-3 变量示例

2. 编写程序

参考流程图（图4-2）和提供的模块（图4-4），自己动手编写程序。

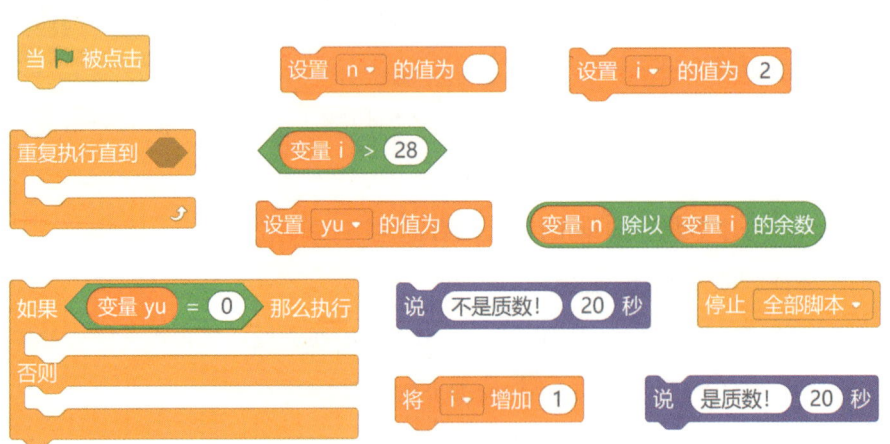

图4-4 判断质数参考模块

3. 调试程序

调试运行程序能否得到正确的结果，可以手动计算看看29是否是质数，比较和程序运行的结果是否相同。

运行得到结论29是质数，如图4-5所示：

图4-5 判断质数运行结果示例

提高穷举法效率的方式：

1．缩小穷举范围。

2．增加筛选约束条件。

根据约数的特点，判断29是否是质数，不需要判断到2~28，只需要2~5即可，因为如果2不是29的约数，那么29/2也必然不是29的约数，反之一样；这样可以通过缩小穷举变量i的范围使循环次数由27次减少到4次，从而提高了效率。请完成填写表格4-2：

表4-2 提高穷举效率示例

问题	穷举变量i的范围	约束条件
29	2~5	29除以i的余数是否=0？
279		
大于1的正整数n		

自己编写程序并调试运行判断29是否是质数？参考流程图如图4-6所示：

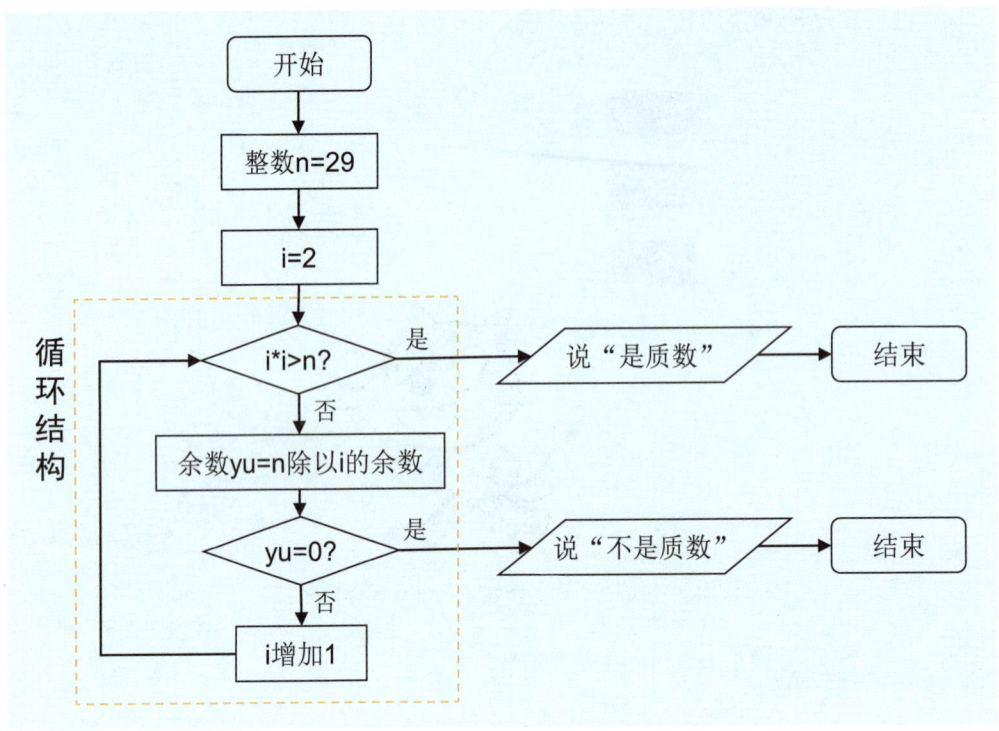

图4-6 判断质数流程图2

1．在前面的方法中，如果i是n的约数，则直接说"不是质数"，程序结束。实际上，我们可以换一种方式，设置一个变量biao来存放n是否为质数。

biao=1表示n是质数；

biao=0表示n不是质数。

biao初始化状态为1，即假设n是质数，当穷举判断过程中，发现某一次的i是n的约数时，就将biao=0。这样，当循环结束后，只需要判断biao是否为1，就可以知道整数n是否为质数。

请编写程序调试运行，参考流程图如图4-7所示：

2．编程判断279是否是质数？

3．尝试找出2～100之间的所有质数。（提示：n穷举2～100之间的所有整数，再判断每一个n是否是质数，若是质数，则输出）

请编写程序调试运行，参考流程图如图4-8所示：

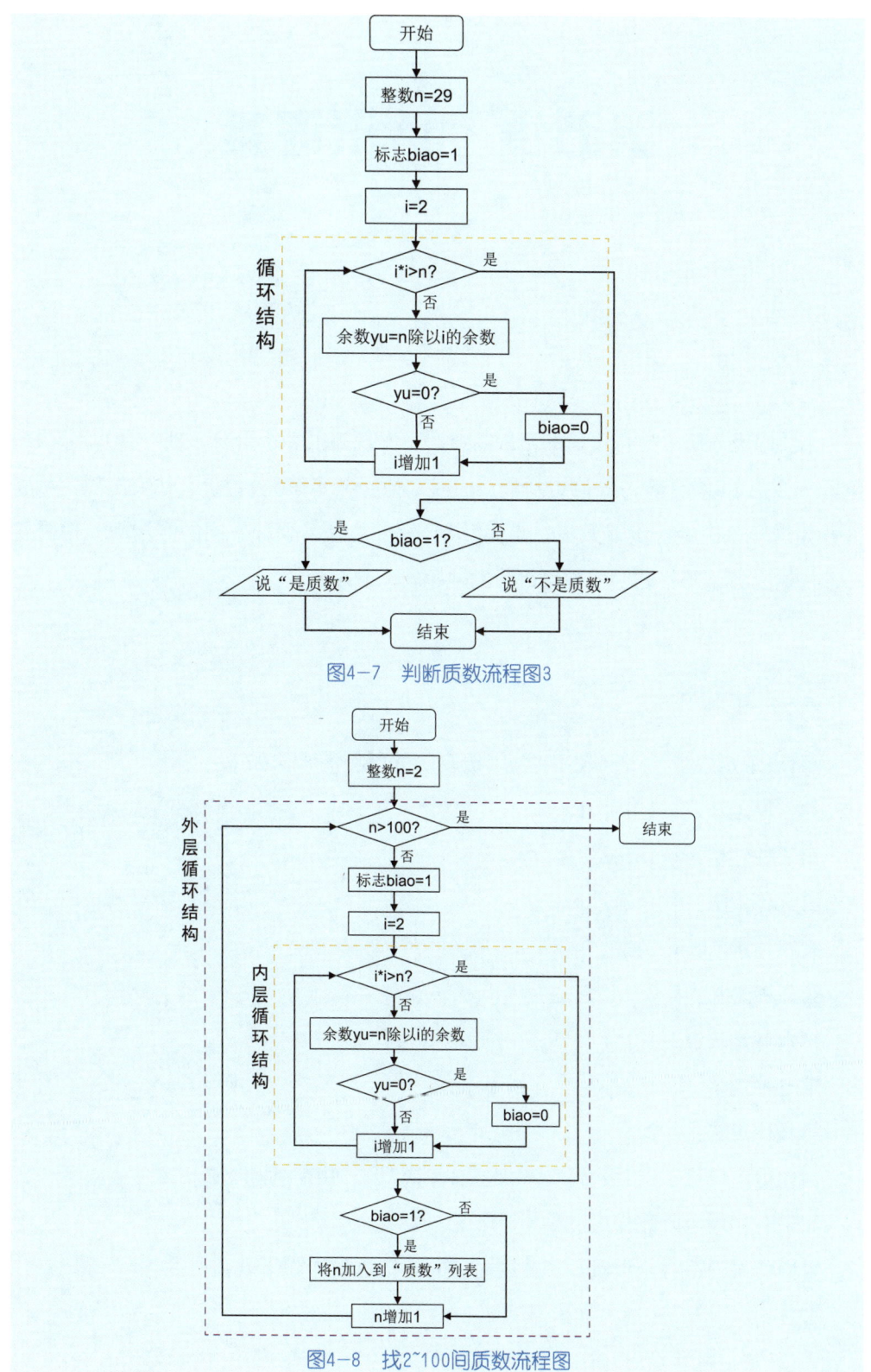

图4-7 判断质数流程图3

图4-8 找2~100间质数流程图

第五课　认识递推

背　景

卡特喵进入萨卡拉奇王国的宫殿门口时，发现有很多级台阶，他一会儿走1级台阶，一会儿走2级台阶，等他走到最上面时，他一共走了5级台阶。他突然想，从底部开始这样每次走一步或两步，走完5级台阶一共有多少种不同的方法呢？他需要一遍一遍去尝试吗？聪明的你可以帮助他吗？

一般方法

用1表示走一步，2表示走两步，5级台阶的所有的走法如下：

第一种走法：1 1 1 1 1

第二种走法：1 1 1 2

第三种走法：1 1 2 1

第四种走法：1 2 1 1

第五种走法：1 2 2

第六种走法：2 1 1 1

第七种走法：2 1 2

第八种走法：2 2 1

由此得出结论：走5级台阶，每次走1步或2步，共有8种走法。

如果有10级台阶呢？

我们尝试列举台阶数量1~5分别对应的走法总数，如下表：

表5-1 走台阶问题不同走法

台阶数量	1	2	3	4	5	6	7	8	9	10
走法数	1	2	3	5	8					
走法	1	1 1	1 1 1	1 1 1 1	1 1 1 1 1					
		2	1 2	1 1 2	1 1 1 2					
			2 1	1 2 1	1 1 2 1					
				2 1 1	1 2 1 1					
				2 2	1 2 2					
					2 1 1 1					
					2 1 2					
					2 2 1					

观察上面表格中的台阶数与走法数,你能发现什么规律吗?

走3级台阶的走法数=走1级台阶的走法数+走2级台阶的走法数。

走4级台阶的走法数=走2级台阶的走法数+走3级台阶的走法数。

走5级台阶的走法数=走3级台阶的走法数+走4级台阶的走法数。

猜想:走6级台阶的走法数=走4级台阶的走法数+走5级台阶的走法数=13。请列举走6级台阶的所有走法,验证我们的猜想是否成立?请你继续完成上表,验证走7~10级台阶的走法数是否符合上面的规律。

结论:

当n=1时,走n级台阶的走法数=1;

当n=2时,走n级台阶的走法数=2;

当n>=3时,走n级台阶的走法数=走n-2级台阶的走法数+走n-1级台阶的走法数。

像这样每个数据项由它前面(或后面)的若干项数据的推导得到,我们称之为"递推"。

计算机的算法

1．建立变量"n"用于存放要走的台阶级数，由用户输入。

2．建立变量"a"用于存放走n-2级台阶的走法数，初始值设为1。

3．建立变量"b"用于存放走n-1级台阶的走法数，初始值设为2。

4．建立变量"c"用于存放走n级台阶的走法数。

5．建立变量"i"用于存放当前的台阶级数，初始值设为2。

6．判断输入的n，如果n等于1，则设c为1，转第8步；如果n等于2，则设c为2，转第8步。

7．循环执行下列操作，直到i等于n：

    7.1　将c的值设为a+b；

    7.2　将a的值设为b；

    7.3　将b的值设为c；

    7.4　将i增加1。

8．输出c。

9．结束。

算法流程图如图5-1所示：

 Scratch 实现

【先思考】

1．流程图5-1中，为什么要将c的值设为a+b，将a的值设为b，将b的值设为c？

2．输入n和输出c可以借助Scratch中的什么指令来实现？

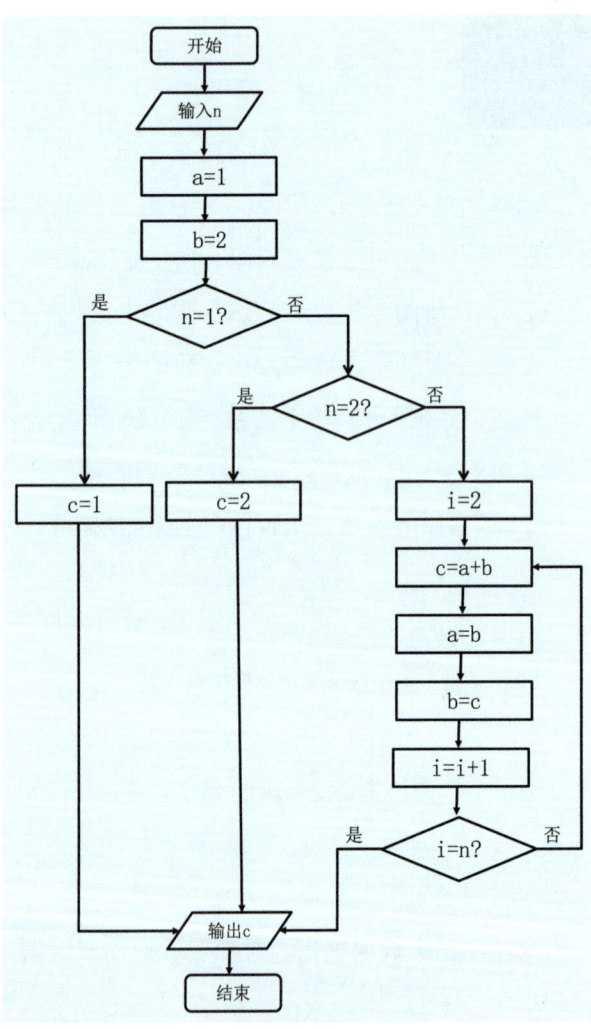

图5-1　走台阶问题算法流程图

【再动手】

1. 建立变量

我们需要建立5个变量：n, a, b, c, i, 如表5-2所示。

表5-2 变量表

变量名称	初始值	作用
n	用户输入	存放要走的台阶级数
a	1	存放走 n-2 级台阶的走法数
b	2	存放走 n-1 级台阶的走法数
c	无	存放走 n 级台阶的走法数
i	2	存放当前的台阶级数

2. 编写程序

请参考流程图（图5-1）和模块（图5-2），动手编写程序。

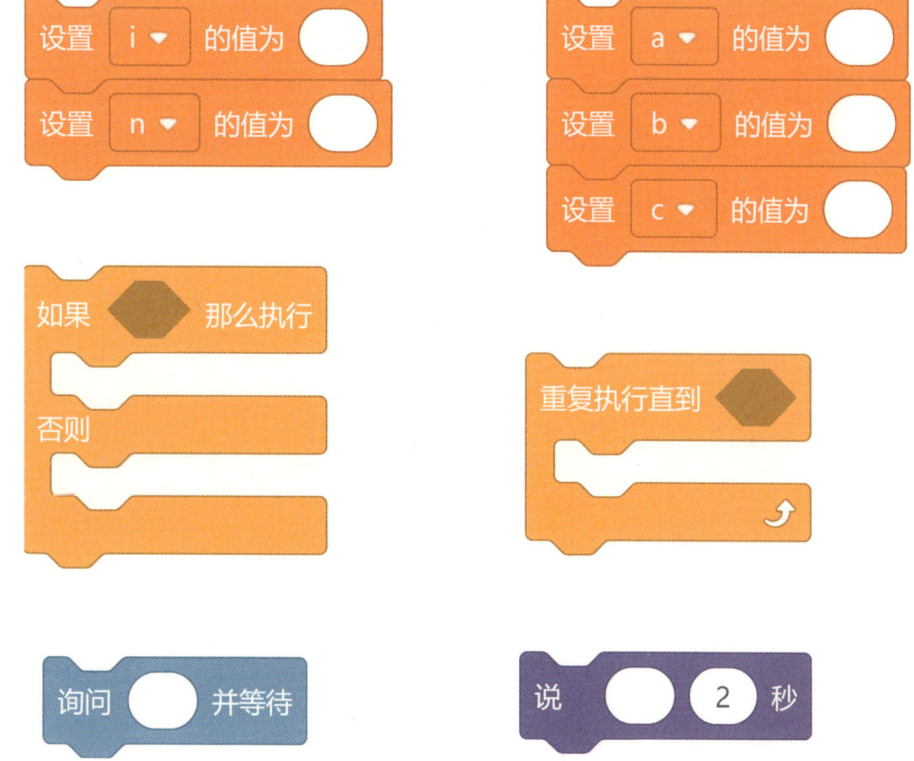

图5-2 走台阶问题模块

3. 调试程序

（1）运行程序看能否得到正确的结果，例如输入n=5，结果是否为8？

（2）运行程序，走10级台阶的走法数是多少？

在爬楼梯问题中，如果我们用f(n)代表走n级台阶的走法数，根据刚才的结论有如下关系式：

$$f(1)=1；f(2)=2；f(n)=f(n-2)+f(n-1)，n>=3$$

由此可见，每个数据项都与它前面的若干项（或后面的若干项）存在一定的关联，这种关联一般是通过一个"递推关系式"来描述的，这便是递推。

根据问题推导方向，递推有两种方式：顺推和逆推。

1．顺推：从问题的边界（初始状态出发），寻找数据规律建立正确的递推关系式。

例如我们依次计算走1级、2级、3级、4级、5级台阶的走法数，去寻找走不同级数台阶的方法数之间的规律，然后建立出递推关系式。

2．逆推：从问题边界出发难以得到递推关系式，从问题的最终解（目标状态或某个中间状态）出发，寻找这一目标状态或中间状态的上一个状态可能是什么？然后建立出递推关系式。

例如下图，当卡特喵位于第n级台阶时，他的上一个位置可能是n-2或者n-1，那么它走到n级台阶的方法数自然就等于走到第n-2级台阶的走法数加走到第n-1级台阶的走法数啦！

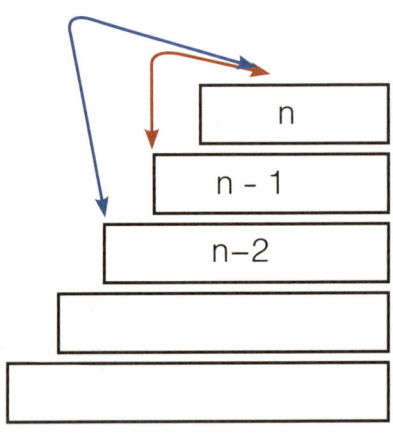

1．如果卡特喵每次可以选择走1级，2级，3级，那么他走10级台阶又可以有多少种走法呢？请写出递推关系式。

2．有一个长度和宽度是1×n的长方形方格，用长宽分别是1×1、1×2和1×3的骨牌铺满方格。例如当n=3时，此时是长宽分别为1×3的方格。此时用1×1、1×2和1×3的骨牌铺满方格，共有四种铺法。如下图：

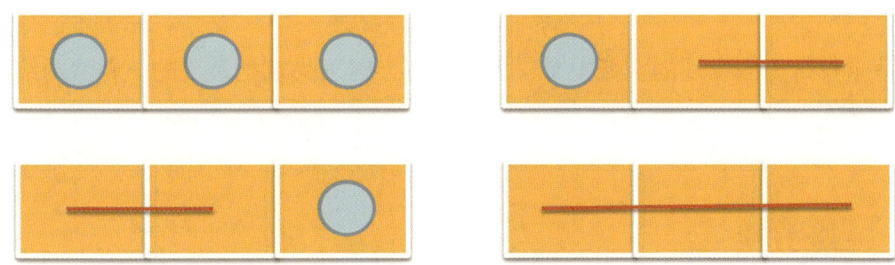

请问，当n=10时，共有多少种铺法？

斐波那契数列（Fibonacci sequence），又称黄金分割数列，因数学家列昂纳多·斐波那契（Leonardoda Fibonacci）以兔子繁殖为例子而引入，故又称为"兔子数列"。数列的项形如：1、1、2、3、5、8、13、21、34…在数学上，斐波纳契数列以如下递推的方法定义：

$$f(x) = \begin{cases} 1, x = 1,2 \\ f(x-1) + f(x-2), x \geq 3, x \in N^* \end{cases}$$

在现代物理、准晶体结构、化学等领域，斐波纳契数列都有直接的应用，为此，美国数学会从1963年起出版了以《斐波纳契数列季刊》为名的一份数学杂志，用于专门刊载这方面的研究成果。

第六课　求最大值

背　景

萨卡拉奇王国发现的宝藏中有一大堆钻石，国王决定把最重的一颗奖励给为国家做出杰出贡献的人。现在卡特猫的任务是找出最重的钻石的重量。

一般方法

我们用天平来称重完成"找最值"的算法：

1．将第一颗钻石放到天平的一个盘上，第二颗钻石放在天平的另一个盘上进行比较；

2．拿走轻的钻石，再放下第三颗钻石在空盘上，与留下的较重的钻石进行比较；

3．再次拿走轻的钻石，放下第四颗钻石在空盘上，与留下的较重的钻石进行比较；

4．……

5．这样一直比较，直到所有钻石都比较完毕，最后留在天平上的就是最重的钻石；

6．记下这颗钻石的重量。

图6-1　保留重的钻石在天平上

> 克拉是宝石的质量（重量）单位，1克拉等于0.2克或200毫克。"克拉"一词，源自希腊语中的克拉（keration），指长角豆树或稻子豆。由于其果子被称为具有近乎一致的重量，因而早期长角豆树就被用作珠宝和贵金属的重量单位。

计算机的算法

1. 建立变量"max"，用于存放当前最大重量，初始值设为–1。
2. 建立变量"n"，用于存放钻石的数量，由用户输入。
3. 建立变量"a"，用于存放当前要比较的钻石的重量。
4. 循环执行下列操作，直到n=0：
   4.1 读入一个重量，放到变量a中；
   4.2 比较max和a的大小，如果max小，则将max设为a的值；
   4.3 n值减少1。
5. 输出max。
6. 结束。

程序流程图如图6-2所示：

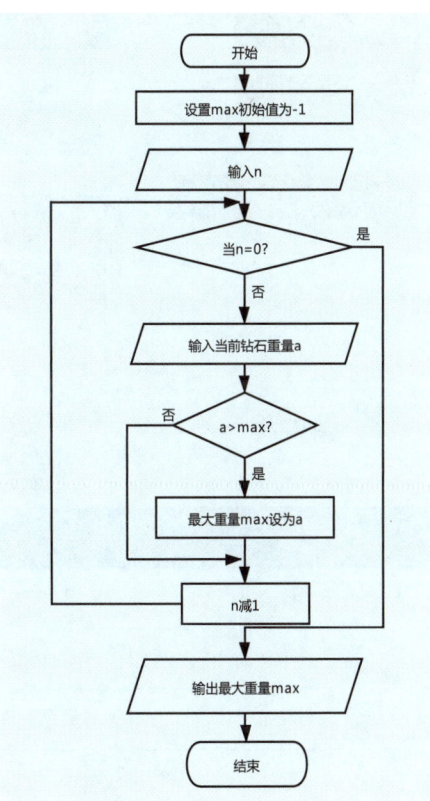

图6-2 找最大值流程图

Scratch 实现

【先思考】

1. 在整个程序中，需要记录哪些量？
2. 第一次比较是哪两个数在进行？
3. max最初能不能设为其他值？
4. 循环一共要执行多少次？

【再动手】

1. 建立变量

我们需要建立3个变量：max，n，a，

如表6-1所示。

表6-1 变量表

变量名称	初始值	作用
max	-1	存放当前最大重量
n	无	存放还没有比较重量的钻石数量
a	无	存放当前要比较的钻石重量

2. 编写程序

请参考流程图（图6-2）和模块（图6-3），动手编写程序。

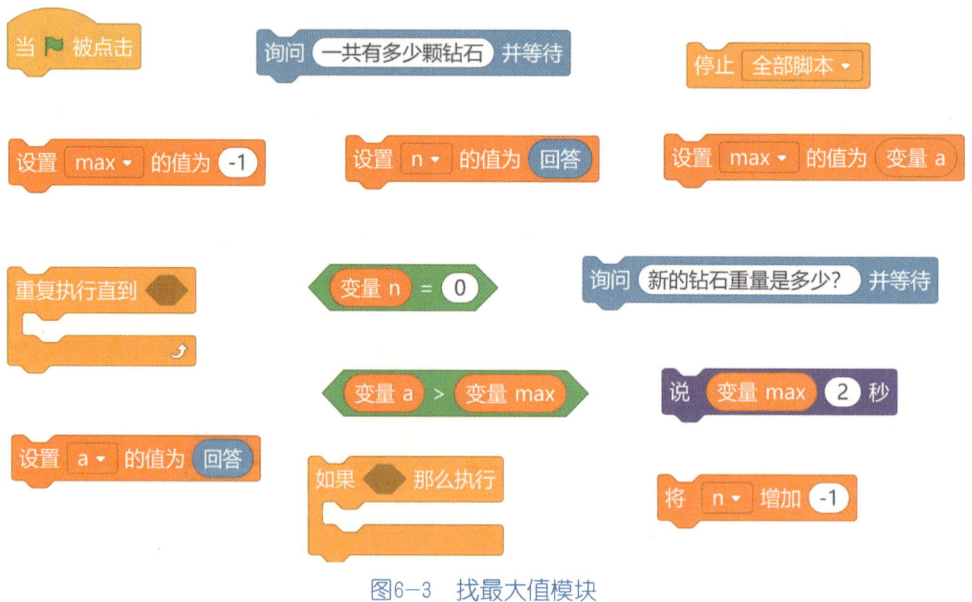

图6-3 找最大值模块

3. 调试程序

表6-2 测试数据

测试组数	输入数据	正确答案	你的程序结果
第1组	4 78 21 39 20	78	
第2组	5 12 34 56 78 99	99	
第3组	5 12 45 23 23 45	45	

 深入理解

在一堆钻石中找到最重的一颗，这在编程中称为"找最值"，即在一组数据中找到最大或最小值。计算机算法找最大值的方式类似"打擂台"，第一个人上去后，以后的人依次上台，打赢的就留下，输掉的人换下一人，最后留在擂台上的就是冠军。

找最值在生活中有着广泛的应用。班上找最高的同学去参加国旗班；长跑比赛时要给跑得最快的运动员颁发冠军；买商品要找价格最便宜的商家……等等。

 挑　战

1．找最轻的钻石。提示，用min表示最小值，min的初始值应该设为多少？

2．把钻石的重量记录在一个列表中，找到最大值，并输出这是第几颗钻石。

3．找到第2题中第2大的钻石的重量，该怎么办呢？

提示：找到最重的钻石后，将它和第1颗钻石交换位置，然后再从第2颗钻石开始重新找最重的钻石。

第七课 选择排序

萨卡拉奇王国钻石矿已经全部探索完成,现在你的任务是把这些钻石由大到小排序,钻石的重量已经标记在钻石上了。

我们从所有的钻石中,选出最重的放到一边;再从剩下的钻石中,选出最重的,……,直到全部选完:

1. 将所有的钻石排成一行;
2. 从第1颗钻石到最后一颗钻石里选出最重的钻石,把它和第1颗钻石交换位置;
3. 从第2颗钻石到最后一颗钻石里选出最重的钻石,把它和第2颗钻石交换位置;
4. 从第3颗钻石到最后一颗钻石里选出最重的钻石,把它和第3颗钻石交换位置;
……

这样一直比较,直到选完最后一颗钻石,这样所有选出钻石就按由重到轻的顺序排列好了。

原始排列	3	7	6	8	12	9	5	4
第1轮	3	7	6	8	12	9	5	4
第2轮	12	7	6	8	3	9	5	4
第3轮	12	9	6	8	3	7	5	4

第4轮	12	9	8	6	3	7	5	4
第5轮	12	9	8	7	3	6	5	4
第6轮	12	9	8	7	6	3	5	4
第7轮	12	9	8	7	6	5	3	4
排序完成	12	9	8	7	6	5	4	3

图7-1　选择排序

计算机的算法

1. 建立列表"钻石重量"，导入钻石重量数据。

2. 建立变量"n"，用于存放当前正在比较的轮次，同时也表示正在找的第n重的钻石，初始值设为1。

3. 建立变量"p"，用于存放当前最重钻石的列表编号。

4. 建立变量"k"，用于存放当前要比较的钻石的列表编号。

5. 循环执行下列操作＿＿＿＿＿＿＿次：

　　5.1　将k的值设为n；

　　5.2　将p的值设为k。

　　5.3　循环执行下列操作，直到k大于列表项目数：

　　　　5.3.1　比较列表中第k项和第p项的大小，如果第k项大，则将p的值设为k；

　　　　5.3.2　k增加1。

　　5.4　交换列表中的第n项和第p项的值。

　　5.5　n递增1。

6. 列表中就是排好序的钻石重量。

7. 结束。

其中5.1到5.5的作用是在特定范围数据中找出最大值，在之前的课程中学过，你发现了吗?

程序流程图如下：

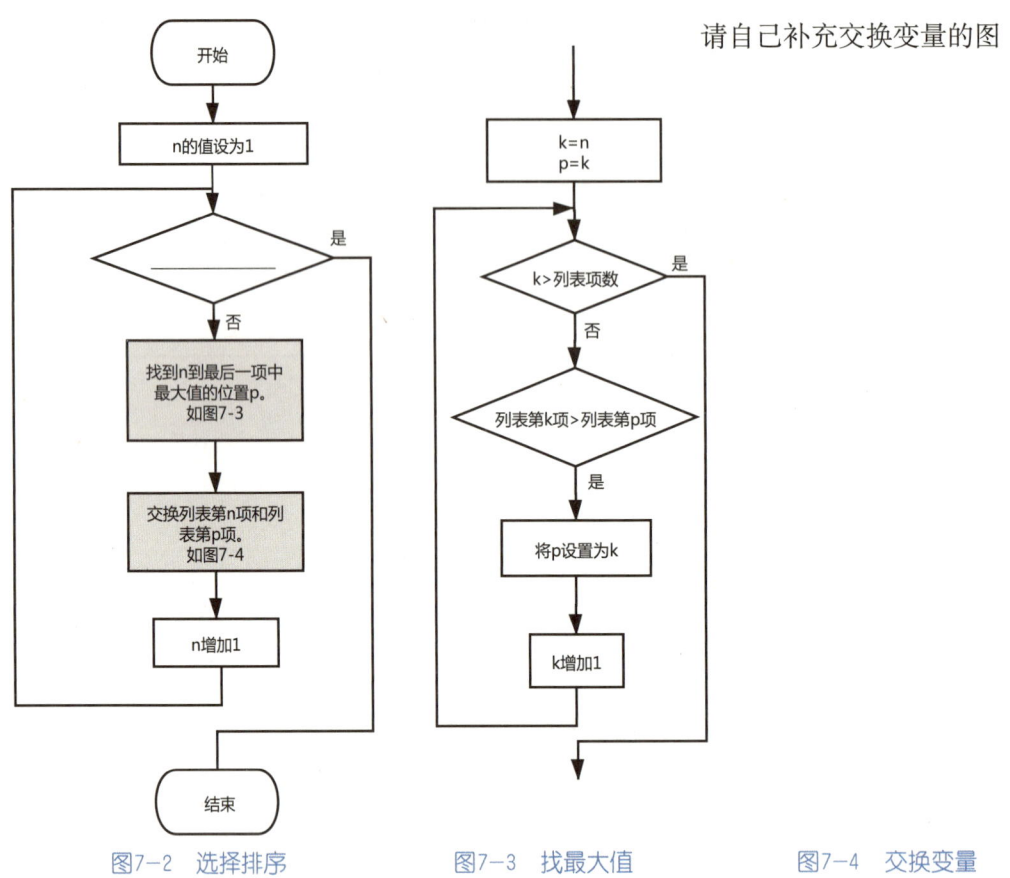

图7-2 选择排序　　　　图7-3 找最大值　　　　图7-4 交换变量

当流程图过大时，我们会将流程图中的某个模块单独取出来，画在旁边，如图7-2里面找最大值的模块就对应图7-3，你能自己完成交换变量的流程图吗？填在图7-4的位置。如果忘了，看看第1课我们是怎么交换牛奶和豆浆的。

【先思考】

1. 为什么要把每次找到的最大值和第n个数交换位置呢？能不能不交换？

【再动手】

1. 建立变量

我们需要建立变量：n，p，k和列表：钻石重量，如表7-1所示。

表7-1 变量及列表定义

变量名称	初始值	作用
n	1	存放正在找第n大的数
p	无	存放当前的最大值在列表中的位置
k	无	存放列表中正在进行比较的项
钻石重量	文件导入	存放所有钻石重量的列表，最后答案输出在这里

2．编写程序

请参考流程图（图7-2，图7-3，图7-4）和模块（图7-5），动手编写程序。

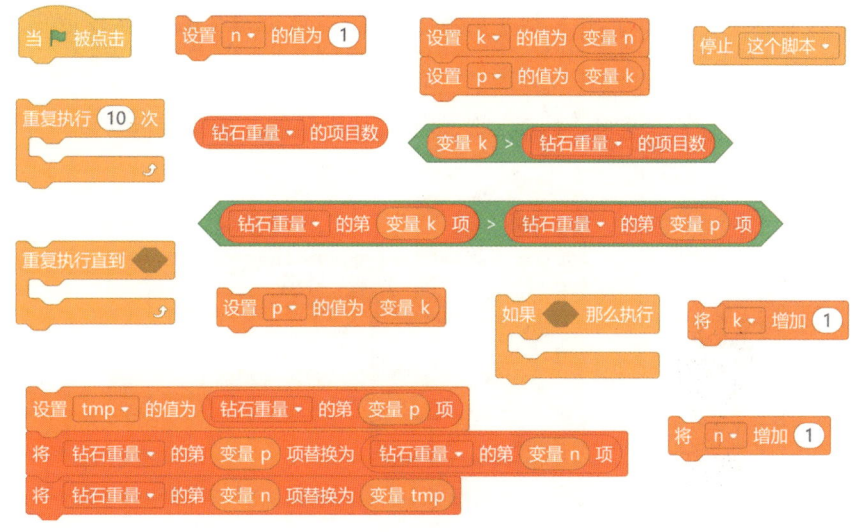

图7-5 选择排序模块

3．调试程序

写完程序，要怎么检查自己写对了没有呢？

提示：如果数据太多，不方便检查，先试试测试10个数据，看程序能不能正确地排序。

排序算法

将数据按照一定的顺序排列起来叫"排序"。排序在我们生活中处处可见，各种比赛要将成绩排序评出一二三等奖，考试后会把考试成绩排序等等。排序也作为其它复杂算法的先行操作，比如在地图上找两个地点之间的最短路，就要先把所有可能的道路列出来，再按照道路的长度排序，选出最短路。

排序非常重要，因为数据有序后，我们可以更高效地管理数据，所以计算机科学家发明了很多排序算法，它们有着不同的效率，以适应不同的数据情况。这节课学的方法称为"选择排序"，就是在无序的数据里面每次选出最大的，依次放到排序数列里。以后我们还会学习冒泡排序，归并排序，快速排序等排序方法。

1. 这节课我们学习了由大到小的排序程序，请把这个程序修改成由小到大排序。

2. 查看这段程序，说明"林森"是大于"林全"的。你能解释这是为什么吗？

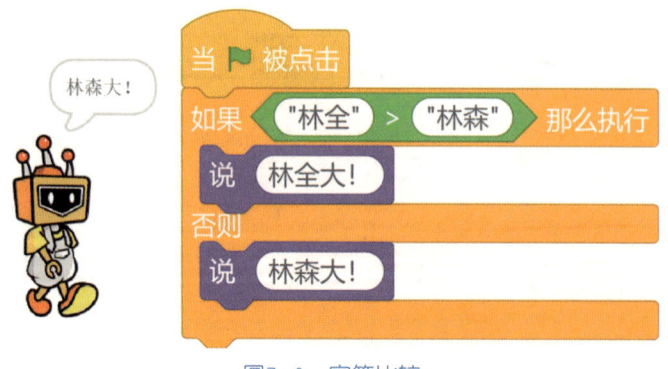

图7-6 字符比较

3. 请输入班上同学的姓名，并且按照姓氏排序。

不仅数字可以排序，字母也可以排序，在通信录里，"爸爸"是排在"妈妈"前面的，因为爸爸的拼音"Baba"的第一个字母'B'比妈妈的拼音"Mama"的第一个字母'M'更靠前。排序后，我们找资料就会更快，比如我们在字典里查单词"happy"，可以先按h的排列位置迅速地找到h所在的页面，然后再根据a、p等字母的顺序找到"happy"这个单词。

第八课　冒泡排序

 背　景

上体育课时，同学要按高矮排队，大家都跑来跑去比高矮，场面一度混乱。今天我们要学习一个新的排序算法，同学们先任意地排成一列，每次只和自己相邻的同学比较高矮，也只和自己相邻的同学交换位置就能实现的排序。

一般方法

算法的核心思想就是：相邻比较，大数靠后。

1．如图8-1（a），所有的8个同学排成一列，数字是他们的身高（cm）。

2．从队首第1个同学开始，每个同学依次和他后面的同学比身高，如果前面的同学高，就和后面的同学交换位置，如：

　　2.1　如图8-1（a），第1个同学（145cm）和第2个同学（146cm）比身高，后面的同学高一点，他们的位置不变；

　　2.2　如图8-1（b），第2个同学（146cm）和第3个同学（138cm）比较，后面同学矮一点，于是他们交换位置，146cm的同学就排到138cm同学的后面；

　　2.3　如图8-1（c），第3个同学（146cm）和第4个同学（139cm）比较，后面同学矮，他们交换位置；

　　2.4　……

3．这样经过一轮后，最高的同学就排在队尾了，如图8-1（h），153cm是最高的同学，就固定到队尾不动了。

4．再从队首第一个同学开始，相邻两个同学比身高，高的同学靠后，一轮下来，第二高的同学就排到倒数第二位的位置，如图8-2。此时经过两轮，最高两位

同学就排到队伍最后两个位置。由此可以发现，从队伍后面看，就是已经排好序的区域（蓝色区域）。

重复7轮后，所有的同学都按身高排好了。

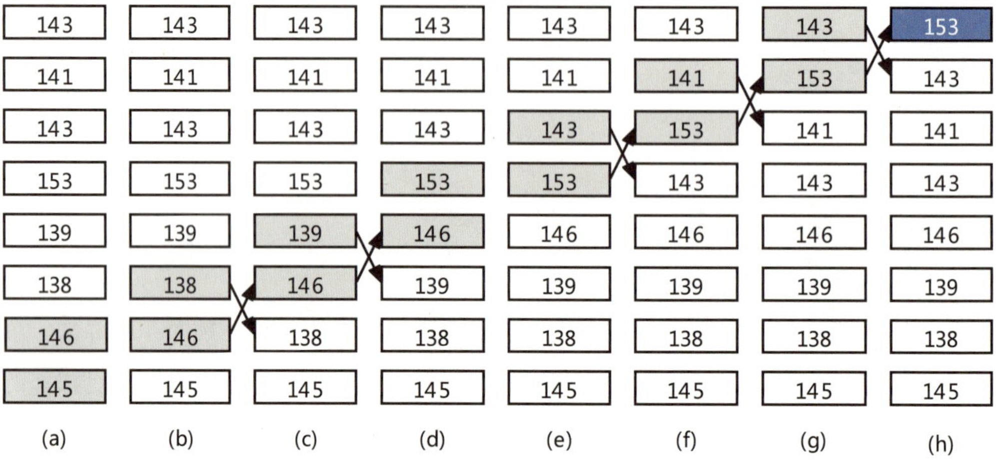

143	143	143	143	143	143	143	153
141	141	141	141	141	141	153	143
143	143	143	143	143	153	141	141
153	153	153	153	153	143	143	143
139	139	139	146	146	146	146	146
138	138	146	139	139	139	139	139
146	146	138	138	138	138	138	138
145	145	145	145	145	145	145	145
(a)	(b)	(c)	(d)	(e)	(f)	(g)	(h)

图8-1　第1轮排序

153	153	153	153	153	153	153
143	143	143	143	143	143	146
141	141	141	141	141	146	143
143	143	143	143	146	141	141
146	146	146	146	143	143	143
139	139	145	145	145	145	145
138	145	139	139	139	139	139
145	138	138	138	138	138	138
(a)	(b)	(c)	(d)	(e)	(f)	(g)

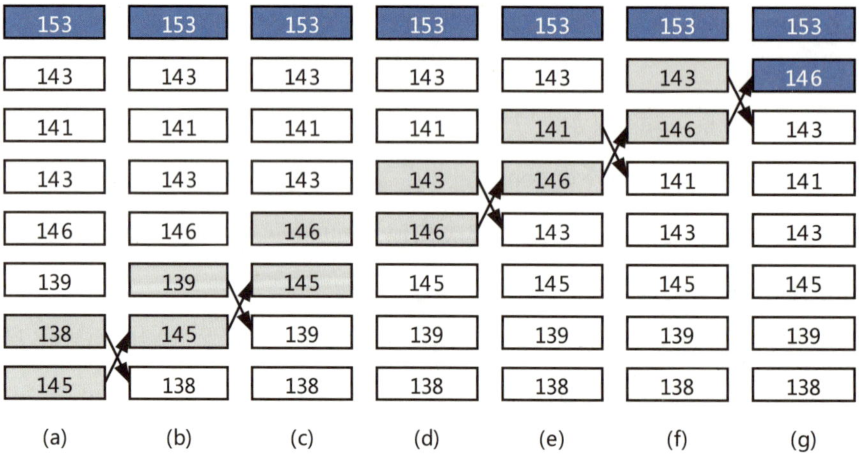

图8-2　第2轮排序

这个算法叫"冒泡排序"，名字的由来是因为越大的元素经交换慢慢"浮"到列表的一端，如同汽水中大的气泡会上浮到顶端一样，所以叫"冒泡排序"。

计算机方法

思考算法的时候，可以采用"自顶向下，逐步求精"的思维方法。先写出大框架：

1. 输入需要排序的数据
2. 排序
3. 输出已经排好序的结果
4. 结束

再对不够详细的步骤进行细化。

对于步骤1的输入和步骤3的输出，可以用Scratch提供的导入（import）和导出（export）命令直接完成。

步骤2需要进一步细化：

2.1 重复执行_____轮，每轮找到一个最大的数放到队尾：

2.1.1 用变量j记录要比较的数在列表中的位置，初始化j=1；

2.1.2 重复执行"身高列表项目数−1"次，实现每1次中相邻两数的比较：

2.1.2.1 如果列表中的第j项大于第j+1项，则交换第j和第j+1项；

2.1.2.2 j递增1。

完整流程图如图8-3：

【先思考】

1. 如果有100个同学排队，用冒泡排序算法，每轮找出本轮最高的同学并固定在队伍后方（蓝色有序区域）需要_____轮；如果有n个同学排队，需要固定_____轮。

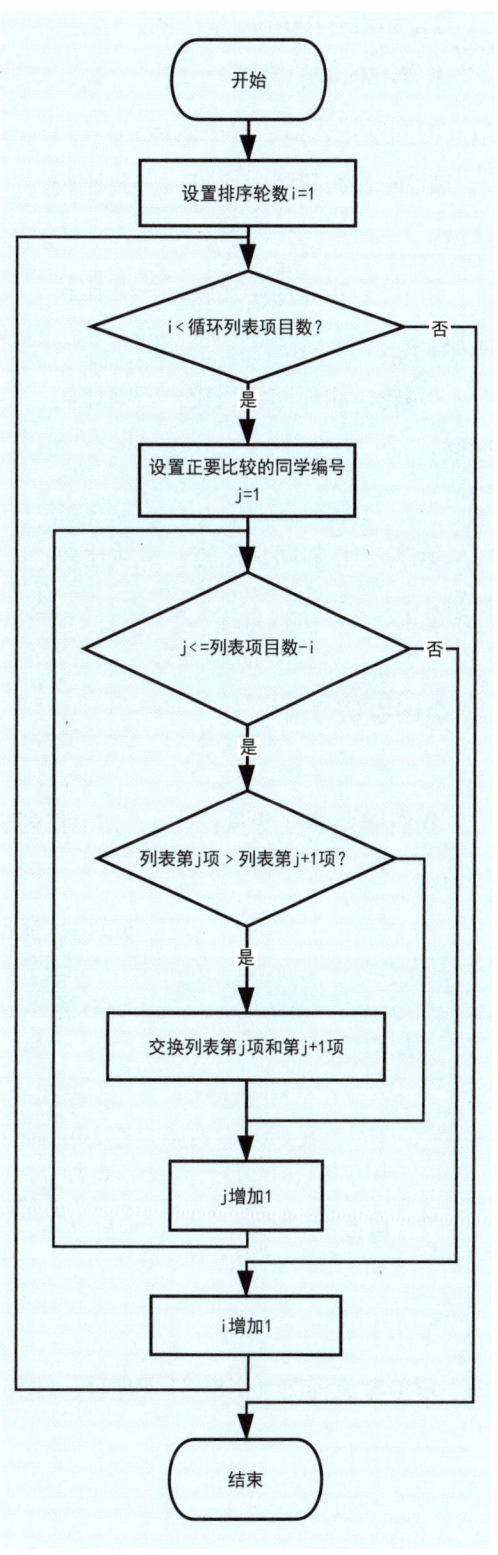

图8-3 冒泡排序流程图

2．如果有100个同学排队。

在第1轮，第1和第2个同学比较，第2和第3个同学比较，……，一共比较99次，最高的同学进入蓝色有序区域；

第2轮，相邻同学比较，一共比较_____次，有_____个同学进入蓝色有序区域；

第3轮，相邻同学比较，一共比较_____次，有_____个同学进入蓝色有序区域；

第4轮，相邻同学比较，一共比较_____次，有_____个同学进入蓝色有序区域；

……

第i轮，相邻同学比较，一共比较_____次，有_____个同学进入蓝色有序区域。

【再动手】

1．建立变量

我们需要建立变量：i，j，tmp和列表：身高，如表8-1所示。请填上i和j的初始值。

表8-1 变量及列表定义

变量名称	初值	作用
i		存放排序轮数
j		存放正在比较的同学的序号
tmp	无	存放临时变量，用来交换数据
身高	无	存放身高的列表

2．编写程序

请参考流程图（图8-3）和模块（图8-4），动手编写程序。

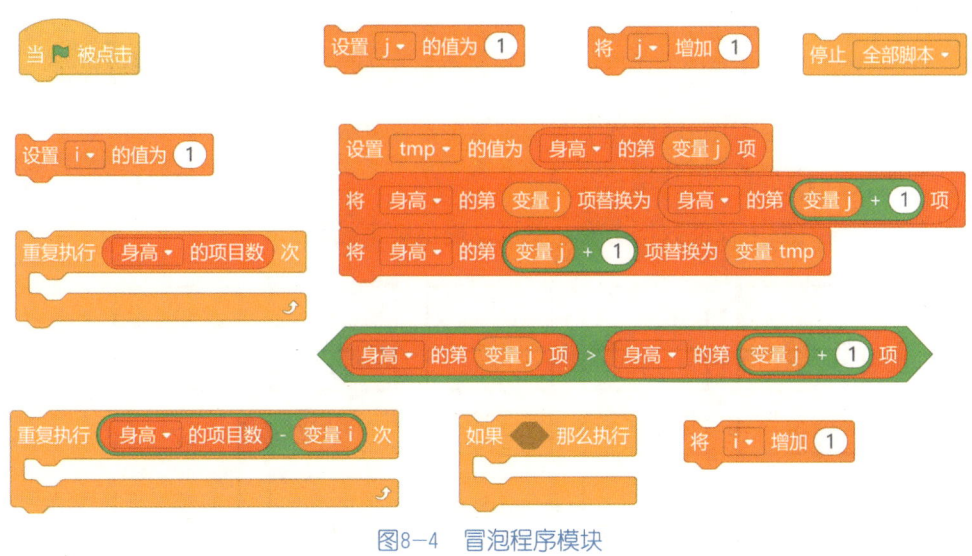

图8-4 冒泡程序模块

3．调试程序

试一试对下列这些数据进行由小到大排序，手动计算交换列表项的次数。

表8-2 测试数据

测试组数	数据	变量交换次数
第1组	2 8 3 5 7 9	
第2组	0 1 2 3 4 5	
第3组	9 8 7 6 5 4	
第4组	2 5 4 8 7 9	

思考：

（1）4组数据各自有什么特点？

（2）对应不同特点的数据，交换次数有什么不同？

 深入理解

1．冒泡排序算法优化

从上面的4个例子可以看出，如果要排序的数据基本有序，则交换的次数就少。

第2个例子数据已经是由小到大排好序的，因此不需要交换（交换次数为0）。实际上，只要在某一轮冒泡排序中，没有发生过数据交换，说明数据已经排好序了，就应该提前结束冒泡排序，提高程序的运行效率。

如图，对于这样一组数据：2，5，4，8，7，9，经过1轮比较就已经有序；第2轮比较发现没有发生任何数据交换，就可以提前结束循环。

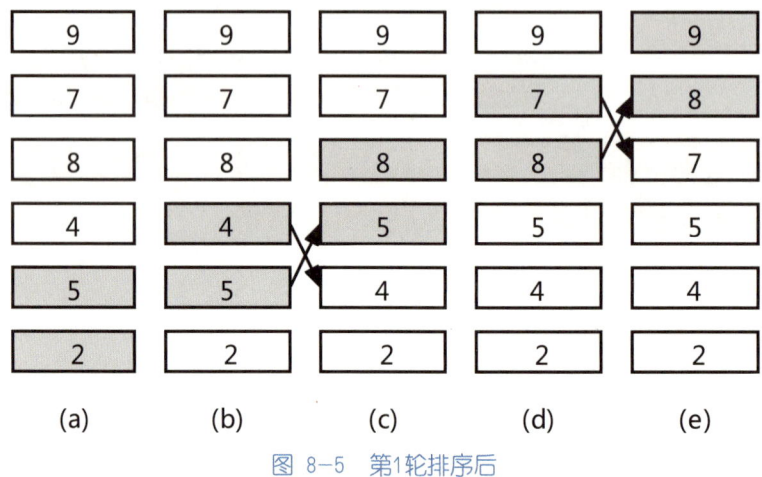

图 8-5　第1轮排序后

因此我们可以通过增加一个变量，记录当前这一轮有没有出现过数据交换。如果有就进入下一轮；如果没有，就提前结束冒泡排序。

2．选择排序与冒泡排序

不管选择排序还是冒泡排序，都是每一轮找出一个当前最大值，并把这个最大值放在当前这轮数据的最后。但是选择排序只需要交换一次，而冒泡排序需要一次次向后交换位置，因此会交换多次，效率会低一些。

但是如果队列中出现了两个相同的数据，比如小明和小红都是143cm，而小明排在前面。如图8-6（a），选择排序会先选出排在前面的小明为最大值，将小明排到后面；而冒泡排序如图8-6（b），小明和小红身高一样，不会交换顺序，因此这轮会把小红排在后面。因此，选择排序会把相同大小的数据交换顺序，是"不稳定排序"，而冒泡排序是"稳定排序"。

比如在考试的时候，成绩相同的同学按姓名的拼音先后顺序排序，就需要"稳定排序"。

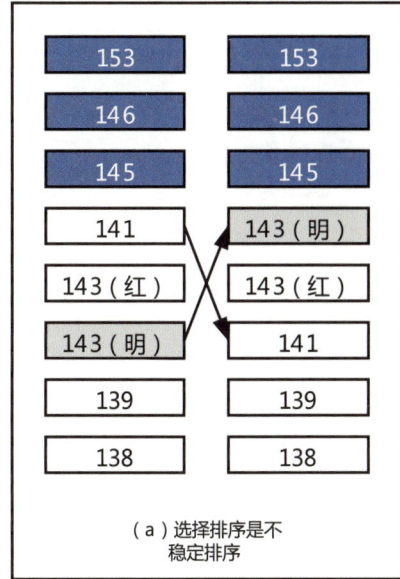
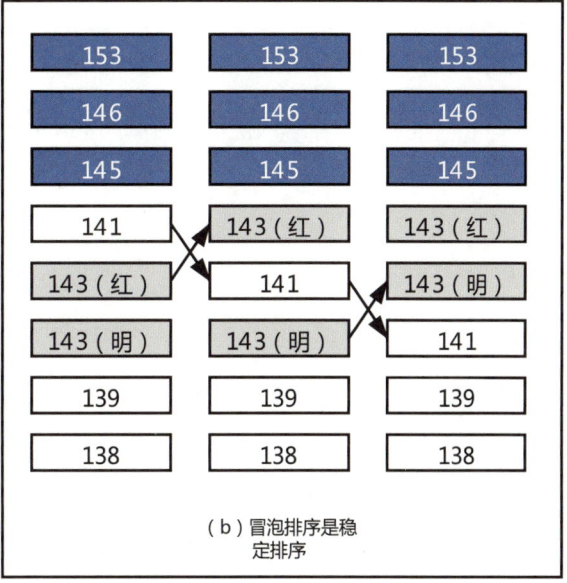

（a）选择排序是不稳定排序

（b）冒泡排序是稳定排序

图8-6 选择排序与冒泡排序

1．学习优化冒泡排序，请编出优化后的冒泡排序，然后和同学比一比速度。

提示1：如果数据太少不容易比较出快慢，可以找老师准备一个超多的数据。

提示2：你可以修改一下你的程序，记录下一共比较了几轮。

第九课 二分查找

背　景

一天，卡特喵看到一个电视节目中有一种猜价格的游戏，在限定时间内（如15秒）猜出某一种商品的售价，就把该商品奖给选手，每次选手给出报价，主持人告诉他高了低了，以猜对或时间到结束游戏。例如猜某种品牌的电风扇，过程如下：卡特喵：500元，主持人：高了，卡特喵：300元，主持人：高了，卡特喵：260元，主持人：低了，卡特喵：290元，主持人：高了，卡特喵：285元，主持人：低了，卡特喵：288元，主持人：你猜对了！恭喜！假设最贵的商品不超过10000元，卡特喵发现，如果乱猜，运气好时，他一次就猜中啦，运气不好时，他得猜很多次，有没有一种方法可以让他在较少的次数内猜出价格呢？聪明的你可以帮助他吗？

一般方法

方法一：从1猜到10000。

表9-1　顺序猜数

步骤	猜的价格	主持人回答	结论
第1轮	1	小了	价格在2～10000范围内
第2轮	2	小了	价格在3～10000范围内
第3轮	3	小了	价格在4～10000范围内
第4轮	4	小了	价格在5～10000范围内
……	…	……	……
第2019轮	2019	猜中啦！	价格是2019！

当商品价格是2019时，如果从1猜到2019，我们需要2019次才能猜中，如果每一秒我们可以说1个数字，猜到2019大约需要33分钟，卡特喵肯定赢不到奖品啦……

想一想，这是我们前面学的什么算法？有没有更快的算法呢？

方法二：对于有序的数字，我们可以每次从中间开始猜！如果中间数是小数，我们规定向下取整。假如商品的价格是2019。

表9-2 二分猜数

步骤	最小数	中间数	最大数	猜的价格	回答	结论
第 1 轮	1	5000	10000	5000	大了	价格在 1 ~ 4999 范围内
第 2 轮	1	2500	4999	2500	大了	价格在 1 ~ 2499 范围内
第 3 轮	1	1250	2499	1250	小了	价格在 1251 ~ 2499 范围内
第 4 轮	1251	1875	2499	1875	小了	价格在 1876 ~ 2499 范围内
第 5 轮	1876	2187	2499	2187	大了	价格在 1876 ~ 2186 范围内
第 6 轮	1876	2031	2186	2031	大了	价格在 1876 ~ 2030 范围内
第 7 轮	1876	1953	2030	1953	小了	价格在 1954 ~ 2030 范围内
第 8 轮	1954	1992	2030	1992	小了	价格在 1993 ~ 2030 范围内
第 9 轮	1993	2011	2030	2011	小了	价格在 2012 ~ 2030 范围内
第 10 轮	2012	2021	2030	2021	大了	价格在 2012 ~ 2020 范围内
第 11 轮	2012	2016	2020	2016	小了	价格在 2017 ~ 2020 范围内
第 12 轮	2017	2018	2020	2018	小了	价格在 2019 ~ 2020 范围内
第 13 轮	2019	2019	2020	2019	猜中啦！	价格是 2019！

我们只用了13次就将这个数猜中了，为什么每次猜中间的数会比从前向后依次猜快这么多呢？因为每次猜中间的数，我们就将另外一半不可能的数舍弃了，相当于每次将猜测范围缩小了一半！这种算法叫"二分查找"。

 计算机的算法

1. 建立变量"left"用于存放猜测范围内最小的数，初始值设为1。
2. 建立变量"right"用于存放猜测范围内最大的数，初始值设为10000。
3. 建立变量"mid"用于存放猜测范围内中间的数。

4. 建立变量"count"用于存放猜测的次数，初始值设为1。

5. 循环执行下列操作，直到left>right：

   5.1 将mid的值设为（left+right）/2向下取整的结果。

   5.2 猜测这个数是mid吗？

   5.3 侦测主持人的回答。

   5.4 如果回答=1（"猜中啦"），转第6步。

   5.5 如果回答=2（"大了"），则将right的值设为mid-1，将count增加1。

   5.6 将left的值设为mid+1，将count增加1。

6. 输出mid和count。

算法流程图如图9-1所示：

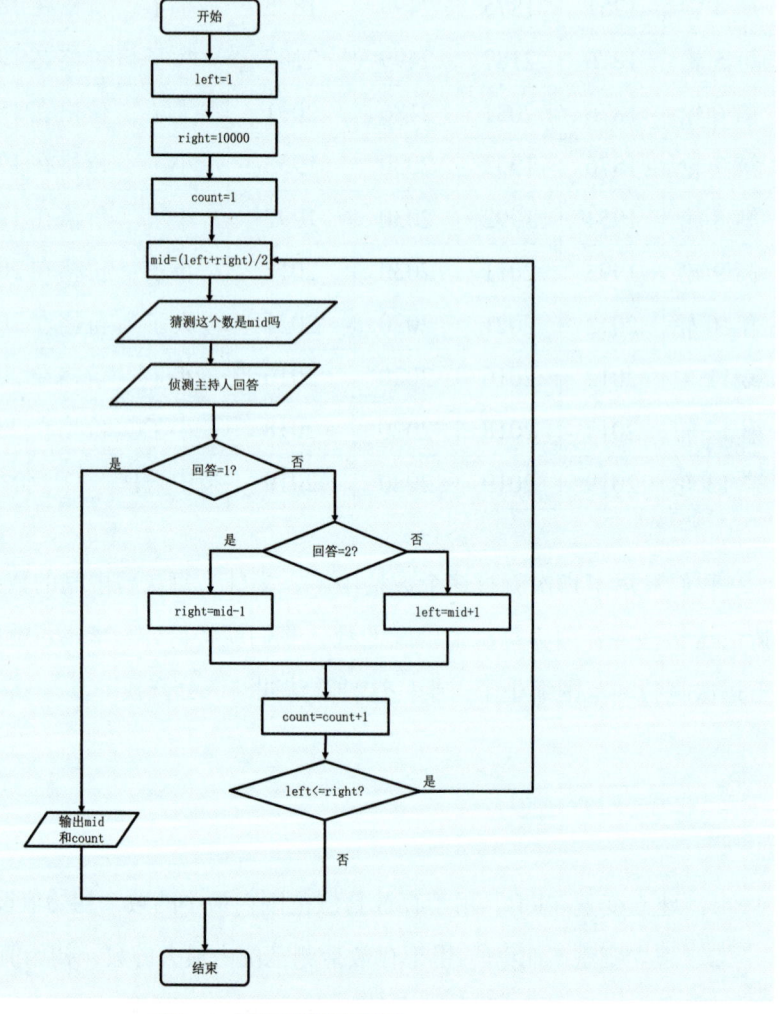

图9-1 猜数问题流程图

Scratch 实现

【先思考】

1. 可以借助什么指令侦测回答？

2. 可以借助什么指令判断回答=1（"猜中了"），回答=2（"大了"），回答=3（"小了"）？

【再动手】

1. 建立变量

我们需要建立4个变量：left，right，mid，count，如表9-3所示。

表9-3 猜数问题变量表

变量名称	初始值	作用
left	1	存放猜测范围内最小的数
right	10000	存放猜测范围内最大的数
mid	无	存放猜测范围内中间的数
count	1	存放猜测的次数

2. 编写程序

请参考流程图（图9-1）和模块（图9-2），动手编写程序。

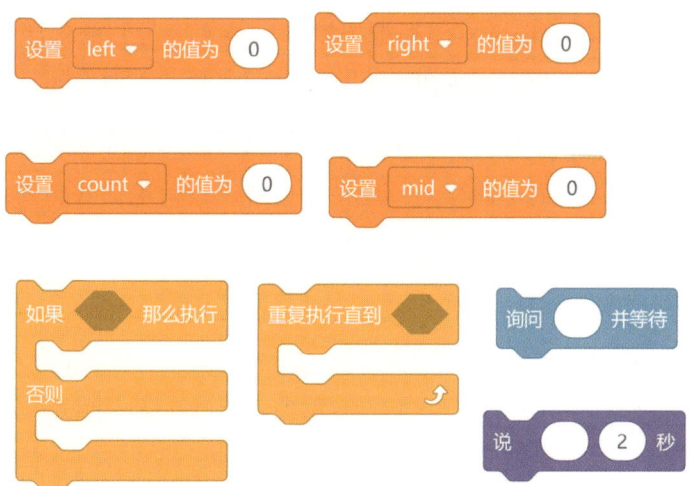

图9-2 猜数问题模块

3. 调试程序

（1）运行程序看能否得到正确结果，假设价格是2019，一共猜了几次才猜中？和我们上面得到的次数一样吗？

（2）心中想一个1～10000之间的整数，运行你的程序看它能猜中吗？猜了几次猜中？

二分查找也称"折半查找"，它是一种效率非常高的查找方法。

但是，使用二分查找的前提是序列是有序的，其算法思想如下：

> 二分查找：在有序序列中，取中间元素作为比较对象，若给定值与中间元素相等，则查找成功；若给定值小于中间元素，则在中间元素的左半区域继续查找；若给定值大于中间元素，则在中间元素的右半区域继续查找。不断重复上述过程，直到找到为止。

1．上面的猜数字游戏中，如果数字范围是1～100000，那么猜一个数字最多需要几次可以猜中？如果是1～1000000000呢？

2．手机通讯录里的电话号码都是按姓名（英文字母）的顺序（字典序）排好的，可以方便我们查找，如果朋友太多，每次要找一个朋友的电话还是要找很久，好在电话本还有一个功能，根据姓名进行查找，只要输入朋友的姓名，就可以显示他的姓名和相应的电话号码。现在你也可以设计电话号码查找程序了，请你试一试。

提示：字典序指的字典中单词的大小，我们规定：

（1）单个字母大小a<b<c<…<z

（2）对于英文单词1和单词2，他们的大小关系可以这么得出：先比较单词1和单词2的第1个字母，如果单词1第一个字母>单词2第一个字母，则单词1>单词2；如果单词1第一个字母<单词2第一个字母，则单词1<单词2；单词1第一个字母=单

词2第一个字母，则继续比较它们的第2个字母，直到确定他们的大小关系为止。

二分查找的应用十分广泛，例如拼写检查器在各种各样的文档中已经成为一种默认的工具。从计算机的角度来看，一个基本的拼写检查器的工作原理就是简单地将文本字符串中的单词与字典中的单词进行比对，字典包含可接受的单词集合，二分查找可以使得查找单词变得非常高效。

第十课 认识函数

最近,萨卡拉奇王国里正在举办画展,卡特喵被一幅神奇的图画吸引了,这幅画看似简单,但是每一个小正方形的边长都是上一个大正方形边长的1/2,他想在Scratch里画出这幅图画,你能帮助它吗?

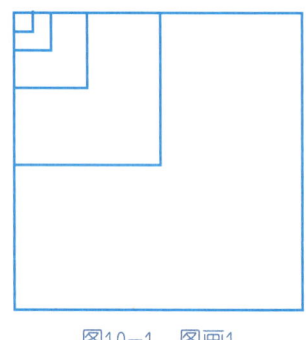

图10-1 图画1

1. 画出第1个正方形。

2．画出第2个正方形，边长为第1步所画正方形的1/2。

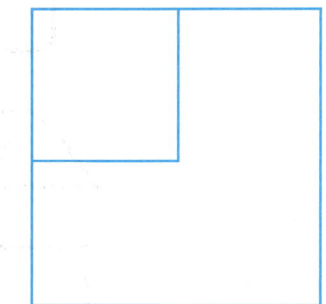

3．画出第3个正方形，边长为第2步所画正方形的1/2。

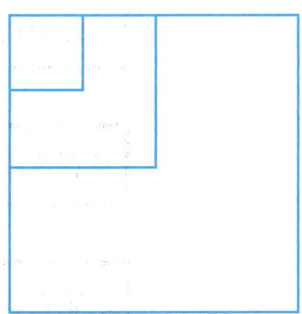

4．画出第4个正方形，边长为第3步所画正方形的1/2。

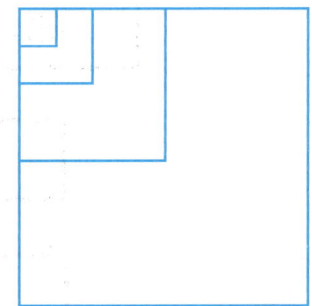

5．画出第5个正方形，边长为第4步所画正方形的1/2。

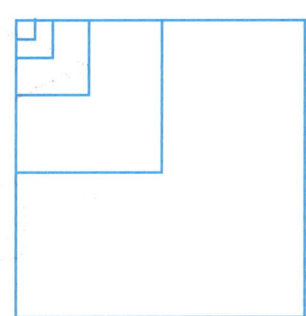

Scratch 算法探秘

 计算机的算法 1

1．定义变量x存放用户输入的最大正方形左上角x坐标。

2．定义变量y存放用户输入的最大正方形左上角y坐标。

3．定义变量d存放用户输入的最大的正方形边长。

4．定义变量i存放已绘制正方形的个数。

5．输入x，y，d。

6．初始化i=0。

7．循环执行下列步骤，直到i=5：

    7.1　绘制坐标（x,y）到坐标（x+d,y）的一条直线；

    7.2　绘制坐标（x+d,y）到坐标（x+d,y-d）的一条直线；

    7.3　绘制坐标（x+d,y-d）到坐标（x,y-d）的一条直线；

    7.4　绘制坐标（x,y-d）到坐标（x,y）的一条直线；

    7.5　d=d/2；

    7.6　i=i+1。

8．结束。

可以用图10-2来表示计算机中的算法：

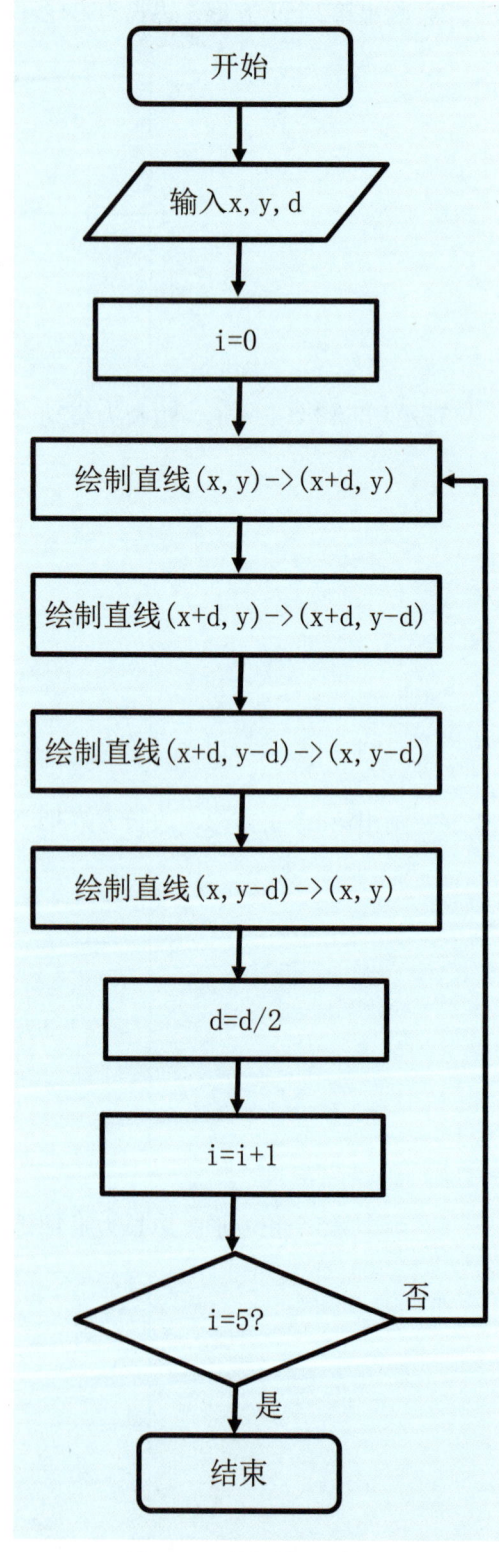

图10-2　绘制图画1流程图

Scratch 实现

【先思考】

（1）已知正方形左上角顶点坐标（x, y）和边长d，正方形其余三个顶点的坐标是多少？

（2）已知正方形四个顶点坐标，可以在Scratch中用什么指令绘制线条？

【再动手】

1. 建立变量

图10-3　建立绘制图画1变量

2. 编写程序

根据流程图（图10-2）和提供的模块（图10-4），动手完成程序。

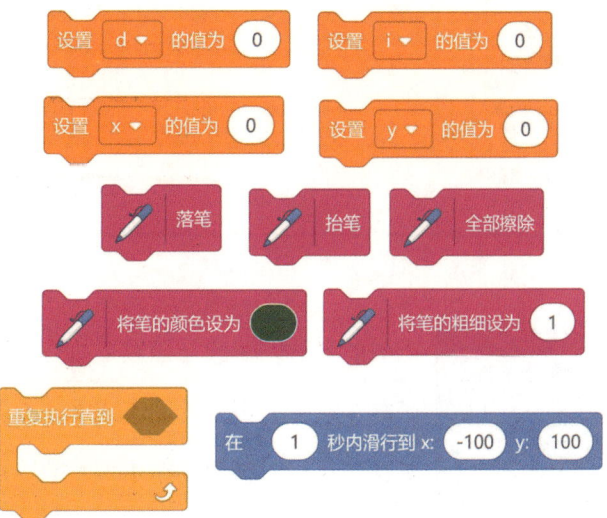

图10-4　绘制图画1模块

3. 调试程序

调试运行程序看程序能否正确绘制图10-1？

知识加油站

在上面的算法中，容易发现，每一次循环的作用就是绘制一个以（x,y）为左上角坐标，d为边长的正方形。有没有这样一条指令，每执行一次，它就可以直接画出一个正方形呢？

> 函数（过程）：一段实现了某种功能的程序。

1. 函数的定义

点击 ，你会看到下图所示界面：

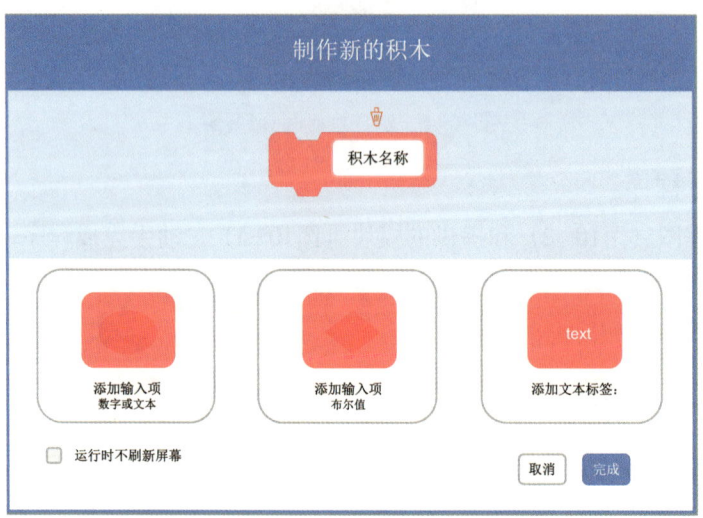

图10-5 自制积木

积木名称	函数的名称，一般与函数要执行的功能一致
添加输入项（数字或文本）	函数在执行时需要的数字或文本型参数，可以省略
添加输入项（布尔值）	函数在执行时需要的布尔型参数，可以省略
添加文本标签	可以通过增加文本标签对函数参数进行说明

例1：定义一个函数，函数名称为"演奏"，没有任何输入项。

图10-6　定义函数"演奏"

例2：定义一个函数，函数名称为"绘制正方形"；输入项有三项分别是x，y，d；另外添加了两个文本标签"坐标""边长"对输入项x，y，d进行说明。

图10-7　定义函数"绘制正方形"

函数的功能由接在函数定义后面的指令决定。

例1：对于函数"演奏"，我们希望完成的功能是演奏《小星星》，那么我们可以完善这个函数如下图所示：

图10-8　函数"演奏"的执行指令

例2：对于函数"绘制正方形"，我们希望完成的功能是绘制一个以（x,y）为左上角坐标，d为边长的正方形，那么我们可以完善这个函数如下图所示：

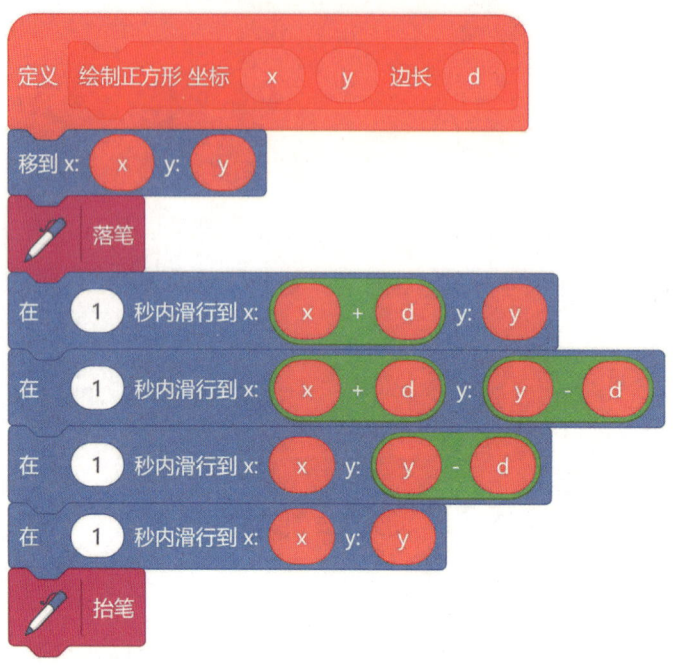

图10-9 函数"绘制正方形"的执行指令

2. 函数的调用

当定义好一个函数后，你可以任何需要的时候调用它任意多次。如果函数不需要提供输入，直接调用即可；否则，你需要提供和函数定义时含义一致的输入项。

例1：对于函数"演奏"，不需要提供输入项，你可以在任意时刻调用它任意次。

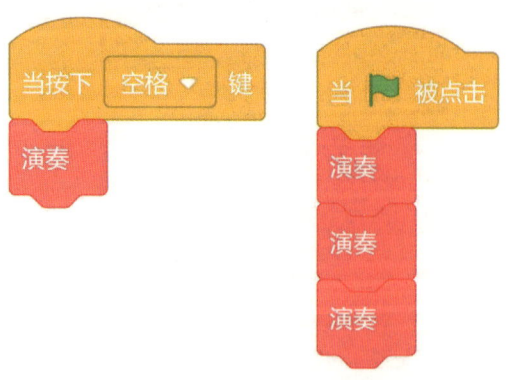

图10-10 调用函数"演奏"

例2：对于函数"绘制正方形"，需要提供输入项，且第1个输入项代表x坐标，第2个输入项代表y坐标，第3个输入项代表边长d。

图10-11 调用函数"绘制正方形"

绘制正方形 坐标 0 0 边长 100 ：代表以（0,0）为左上角坐标，绘制边长为100的正方形。

绘制正方形 坐标 10 0 边长 50 ：代表以（10,0）为左上角坐标，绘制边长为50的正方形。

计算机的算法 2

对于图10-1，我们可以借助函数，采用另一种算法来绘制：

1. 定义函数 定义 绘制正方形 坐标 x y 边长 d ，函数功能为绘制一个以（x,y）为左上角坐标，边长为d的正方形。

2. 定义变量x存放用户输入的最大正方形左上角x坐标。

3. 定义变量y存放用户输入的最大正方形左上角y坐标。

4. 定义变量d存放用户输入的最大的正方形边长。

5. 定义变量i存放已绘制正方形的个数。

6. 输入x，y，d。

7. 初始化i=0。

8. 循环执行下列操作，直到i=5：

    8.1 调用函数 绘制正方形 坐标 变量x 变量y 边长 变量d ；

    8.2 d=d/2；

    8.3 i=i+1。

9. 结束。

可以用下面图10-12来表示计算机中的算法2：

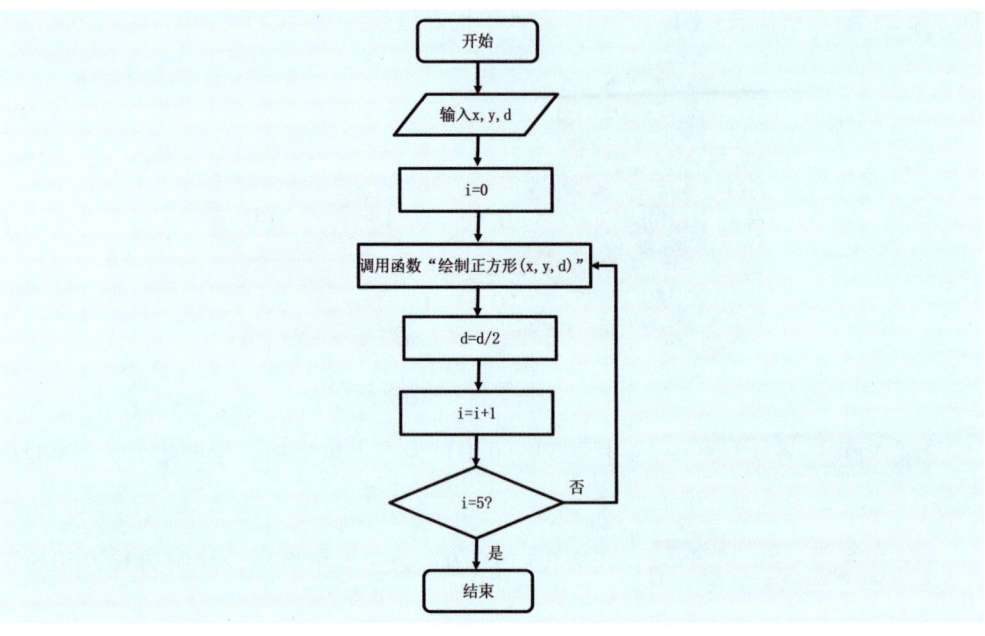

图10-12 绘制图画1流程图

Scratch 实现

【先思考】

1. 假设用户输入的x=10，y=20，d=100，那么调用 [绘制正方形 坐标 变量x 变量y 边长 变量d] 和调用 [绘制正方形 坐标 变量y 变量x 边长 变量d] 结果是一样的吗？

2. 函数定义时的输入项x，y，d [定义 绘制正方形 坐标 x y 边长 d] 和函数调用时的变量x，y，d [绘制正方形 坐标 变量x 变量y 边长 变量d] 是一样的吗？

【再动手】

1. 建立变量。

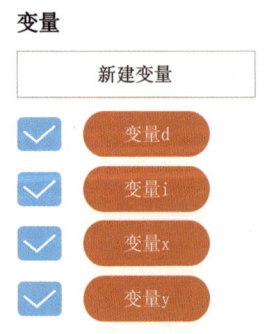

图10-13 建立绘制图画1变量

2．编写程序。

根据图10-12的流程图实现算法2。

3．调试程序。

（1）输入x＝10，y＝20，d＝100，调用  和 ，观察运行结果是否一致，验证思考问题1的答案。

（2）对比两种算法，总结使用函数解决问题的优点。

深入理解

1．在程序设计中，若要完成一个较复杂的任务，我们常常会将该任务分解为若干个子任务来进行求解，而每个子任务我们可以为之编写一个函数，将复杂问题分解为较小规模的子问题求解，这是模块化程序设计的重要思想。函数还可使程序更加简洁，提升程序的可读性，降低调试难度。

2．函数在定义时的输入项也叫"形参"，在调用时提供的参数叫"实参"。函数在定义时，系统并不会为"形参"分配空间，我们也称它们是静止的，而在调用时，实参通过参数传递给相对应位置的"形参"并"激活"它们，"形参"便有了真正的生命，函数就利用传递过来的参数开始执行。因此，"形参"和"实参"的名称相同与否是互不影响的，不同函数在定义时的"形参"名称相同与否也是互不影响的。

挑　战

观察并分析图10-14，编程绘制图画2。

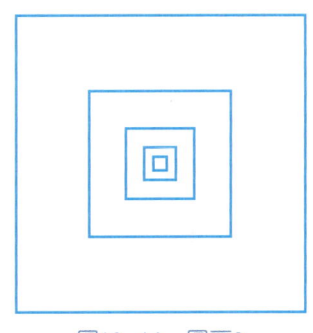

图10-14　图画2

第十一课 体验递归

嘿，还记得那幅神奇的图画吗？卡特喵在逛画展时发现了许多相似的图画，他发现每一幅图画都有一个共同特征：部分和整体是如此相似！

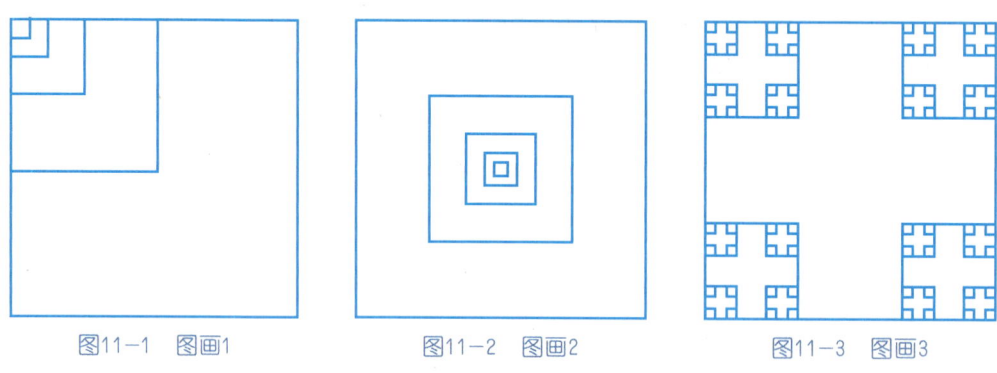

图11-1 图画1　　　　图11-2 图画2　　　　图11-3 图画3

计算机的算法1

以图11-1为例，回顾我们解决这个问题的算法：

1. 定义变量x存放正方形左上角x坐标。
2. 定义变量y存放正方形左上角y坐标。
3. 定义变量d存放正方形边长。
4. 定义变量i存放已绘制正方形的个数。
5. 定义函数如下图11-4所示，函数功能为绘制一个以（x,y）为左上角坐标，边长为d的正方形（函数的执行指令请参考第十课）。

```
定义 绘制正方形坐标  x  y  边长 d
```

图11-4 定义函数"绘制正方形"

6. 输入x，y，d。

7. 初始化i=0。

8. 循环执行下列操作，直到i>5：

    8.1 调用函数"绘制正方形"；

    8.2 d=d/2；

    8.3 i=i+1。

9. 结束。

算法分析

仔细观察发现，函数共调用了5次，每次调用时变量的区别如下：

第1次，i=1，正方形起点坐标为x和y，边长为d。

第2次，i=2，正方形起点坐标为x和y，边长为第1次的d/2。

第3次，i=3，正方形起点坐标为x和y，边长为第2次的d/2。

第4次，i=4，正方形起点坐标为x和y，边长为第3次的d/2。

第5次，i=5，正方形起点坐标为x和y，边长为第4次的d/2。

我们给函数增加一个形参i表示次数，如下图11-5所示：

```
定义 绘制正方形坐标  x  y  边长 d  次数 i
```

图11-5 重新定义函数"绘制正方形"

观察五次函数的调用，可发现每次起点坐标x、y不变，但边长d和i之间有如下联系：

第一次：d为初始值，i=1。

第二次：d为第一次的d/2，i为第一次加1，即i+1，可看作图11-6的函数调用，其中图形中的d为第一次的边长d，i为第一次的次数i。

绘制正方形坐标 x y 边长 d / 2 次数 i + 1

图11-6 调用函数"绘制正方形"

第三次：d为第二次的d/2，i为第二次加1，即i+1，可看作图11-6的函数调用，其中图形中的d为第二次的边长d，i为第二次的次数i。

第四次：d为第三次的d/2，i=4，即i为第三次的i+1，可看作图11-6的函数调用，其中图形中的d为第三次的边长d，i为第三次的次数i。

第五次：d为第四次的d/2，i=5，即i为第四次的i+1，可看作图11-6的函数调用，其中图形中的d为第四次的边长d，i为第四次的次数i。

当第五次绘制完成后，达到了预期目标，函数结束。

在上面的分析中，除第一次外，每一次的绘制都和上一次的绘制类似，只是边长为上一次的d/2，次数在上一次的基础上变为i+1，当次数i<6时均如此。因此我们可以把绘制正方形函数看作一个整体，在这个函数中，当次数i<6时，就绘制一个正方形，再绘制边长为这次的一半的正方形，同时次数i增加1；当次数i>=6时，结束程序。修改"绘制正方形"函数如图11-7所示：

图11-7 绘制正方形函数

> 递归：在函数定义中，其内部操作又直接或间接地出现对自身的调用，称之为递归。

图11-7的函数递归调用过程如图11-8所示：

主程序中，调用函数绘制正方形，其中坐标x,y为输入的坐标值，边长d=160，次数i为1

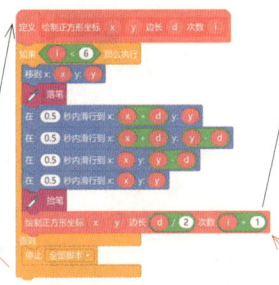

第1次调用，起点为x、y，绘制边长为d=160的正方形后，再次调用函数，起点坐标x、y不变，但边长为d/2，即80，次数i变为i+1=2

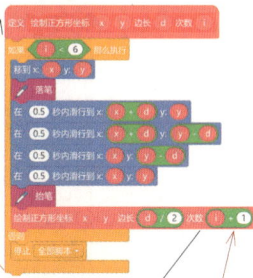

第2次调用，d=80，绘制完成后再次调用函数，边长为d/2，即40，次数i为3

第5次调用，d=10，绘制完成后再次调用函数，边长为d/2，即5，次数i为6

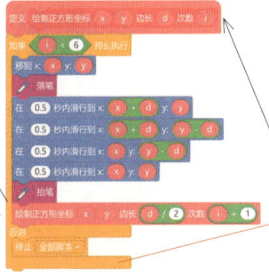

第4次调用，d=20，绘制完成后再次调用函数，边长为d/2，即10，次数i为5

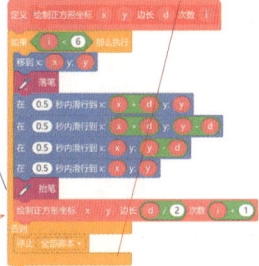

第3次调用，d=40，绘制完成后再次调用函数，边长为d/2，即20，次数i为4

第6次调用，d=5，次数>5，故结束函数，返回

> 说明：
> 1. 调用函数时均重新执行被调用的函数（黑色箭头表示执行）；
> 2. 每次调用的函数执行结束后，均返回调用函数的位置（红色箭头代表返回）。

图11-8 绘制正方形函数调用示例

一、递归的直接调用

递归函数"倒计时"如下图11-9所示：

图11-9 倒计时函数

主程序中调用时赋予形参"时间"的值为3，即倒计时3秒。函数定义时，当时间=0时，停止脚本，否则说"时间"1秒，再调用函数本身，只是时间-1，其调用自身的过程如图11-10所示：

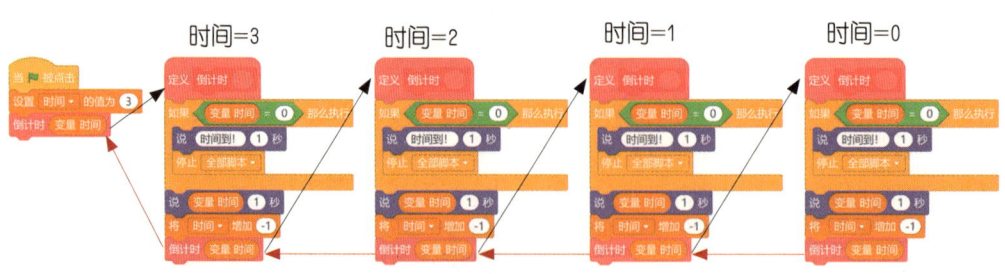

图11-10 倒计时函数直接调用示例

二、递归的间接调用

递归函数"弹奏音符"的定义和调用如图11-11所示：

图11-11 弹奏音符函数间接调用示例

说明

（1）递归的每一次调用自身，便复制了一个全新的自己，独立地运行。

（2）递归的执行过程分为"递"与"归"两个部分，在图11-8和图11-10中，"递"用黑色箭头表示，"归"用红色箭头表示。一般来讲，"递"的目的在于传递参数，"归"的作用在于返回流程，在哪里调用，就返回到哪里。

（3）写明何时停止递归调用非常关键！当程序不清楚何时"归"时，递归会无限调用。

【先思考】

如果将函数"绘制正方形"的条件指令"如果i<6…否则…"去掉，会怎样？

【再动手】

编程实现递归函数"绘制正方形"。

递归是程序设计中非常重要的一种算法思想，递归从形式上来看是自己调用自己。能用递归解决的问题往往具有自相似性——部分和整体相似。因此，递归通常把一个大型而又复杂的问题层层转化为一个与原问题相似但规模较小的问题来求解。

我们常常从以下几个角度来分析并解决递归类问题：

1. 找自己

寻找部分与整体的相似性，探索问题是否具备递归特征。

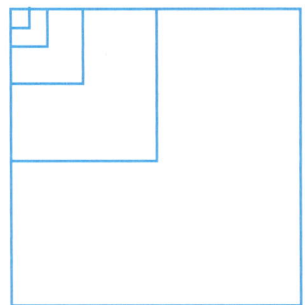

观察：上图中每个图形是否有自相似性？

2. 找差异

寻找整体和部分的差异之处。

思考：上图这些正方形不同之处在那里？

3. 转化差异

将整体和部分的差异之处抽象出数学特征，将差异变为递归调用的参数变化。

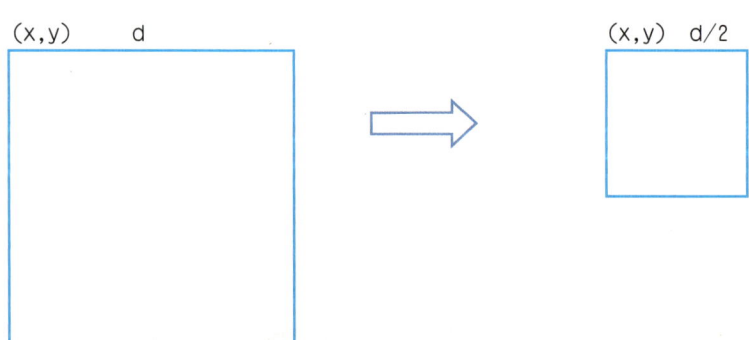

4．寻找边界

寻找何时应该停止递归，本问题中，当i<6不成立时就应该停止递归。如图11-12所示：

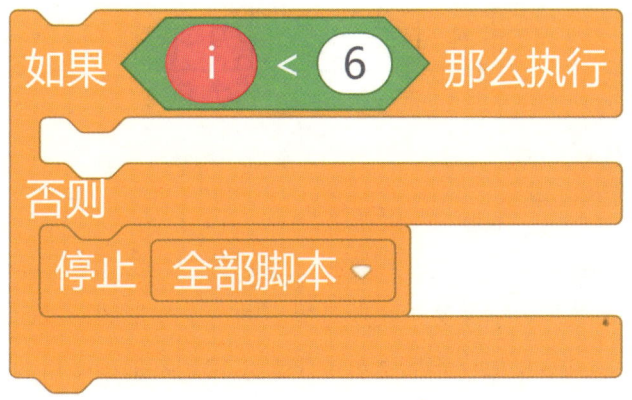

图11-12 寻找递归边界

1．观察并分析下图，编程实现。

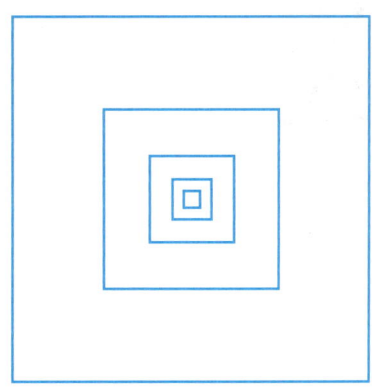

2.观察并分析下图,编程实现。

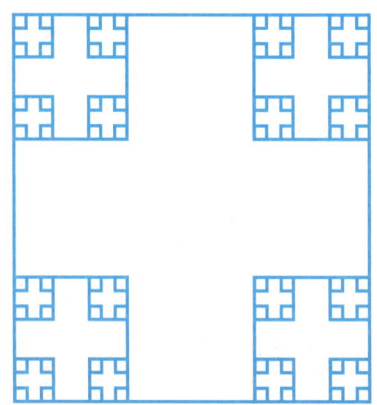

1. 谢尔宾斯基地毯和谢尔宾斯基三角形

谢尔宾斯基地毯是数学家谢尔宾斯基提出的一个分形图形,谢尔宾斯基地毯和谢尔宾斯基三角形基本类似,不同之处在于谢尔宾斯基地毯采用的是正方形进行分形构造,而谢尔宾斯基三角形采用的等边三角形进行分形构造。谢尔宾斯基地毯和它本身的一部分完全相似,减掉一块会破坏自相似性。

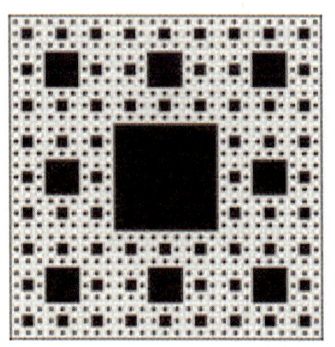 

图11-13　谢尔宾斯基地毯、谢尔宾斯基三角形

2. 科赫曲线与科赫雪花

科赫曲线是一种外形像雪花的几何曲线,所以又称为雪花曲线,它是分形曲线中的一种。

任意画一个正三角形,并把每一边三等分;

取三等分后的一边中间一段为边向外作正三角形,并把这"中间一段"擦掉;

重复上述两步，画出更小的三角形；

一直重复，直到无穷，所画出的曲线叫做科赫曲线。

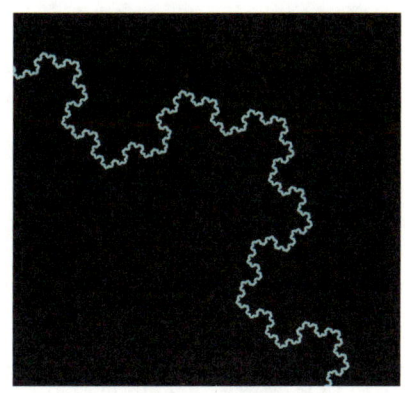

图11-14　科赫曲线

3. 分形理论（Fractal Theory）

分形理论（Fractal Theory）是当今十分风靡和活跃的新理论、新学科。分形的概念是美籍数学家本华·曼德博（法语：Benoit B. Mandelbrot）首先提出的。分形理论的数学基础是分形几何学，即由分形几何衍生出分形信息、分形设计、分形艺术等应用。

图11-15　大自然中的分形、分形建筑设计

第十二课　石头剪刀布

背 景

"人间四月芳菲尽，山寺桃花始盛开"，这是诗人白居易在描述桃花；"借问酒家何处有，牧童遥指杏花村"，诗人杜牧提到了杏花。桃花和杏花都是中国非常有名的传统植物，都在3月开花，乍看外形都差不多，如何分辨它们呢？

图12-1　桃花杏花

从颜色来看，桃花要比杏花红；从花瓣形状来看，桃花更尖，杏花更圆。一般通过花瓣颜色和形状就能识别杏花和桃花，于是我们把花瓣颜色和形状称为花的"特征"，特征是做出判断的依据。我们通过花的特征就可以判断它是杏花还是桃花。那你能判断出下面这片是桃花还是杏花花瓣吗？

图12-2　花瓣

 **KNN算法**

它像桃花一样红,像杏花一样圆,那它究竟是什么花呢?我们可以根据自己的认识进行猜测,并用投票的方法,哪一种得票多就确定它是哪种花。

计算机用的方法更科学,它让花瓣自己来投票,判断这片花瓣是杏花,还是桃花。它首先要用数学工具将花的两个特征用数值表示,并在坐标系中表示出来,下图12-3就是根据花的两个特征值,将不同花瓣标注在坐标系中不同位置。

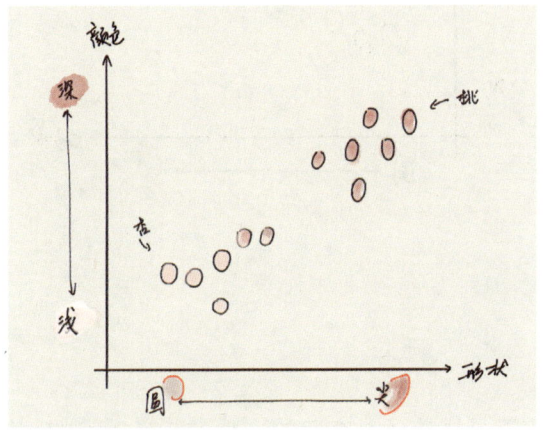

图12-3 特征坐标系中标出不同花瓣

要识别新的花瓣是属于桃花还是杏花,只要根据新花瓣的特征值,将它画到这个坐标系中,看离它最近的K个花瓣(这里选择k=3)中哪一种多,它就属于那种花瓣。

如图12-4,离新花瓣最近的3个花瓣都是桃花花瓣,所以新花瓣被判断为桃花花瓣。

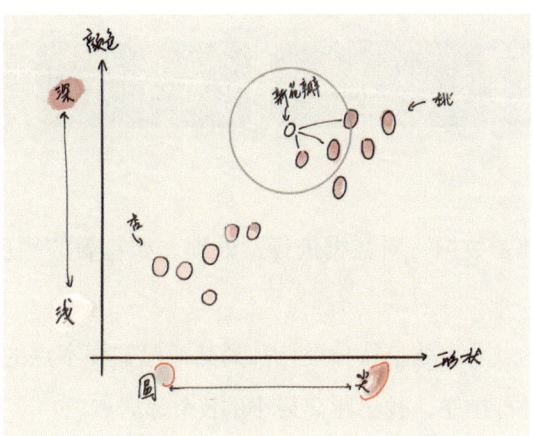

图12-4

如图12-5，离新花瓣最近的3个花瓣中，2片是杏花，1片是桃花，因此新花瓣被判断为杏花花瓣。

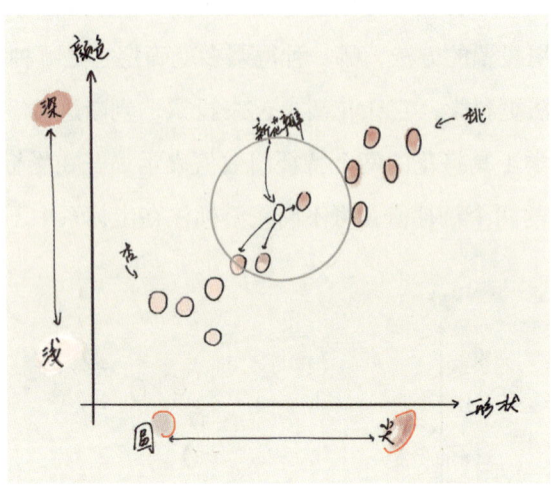

图12-5

判断一个新的花瓣是桃花还是杏花的一种方法是看它的邻居，在最邻近的K个邻居中，如果桃花多，新的花瓣很可能就是桃花，如果杏花多，新的花瓣很可能就是杏花。这就是K邻近分类算法（K-Nearest Neighbor，简称KNN）。这就类似于现实生活中少数服从多数的思想，是最常用的分类算法之一。

总体来说，KNN分类算法包括以下4个步骤：

抽取特征 → 计算样本距离 → 样本排序 → 判断归类

1.抽取特征，准备数据，对数据进行预处理。如花瓣的颜色和形状，并对已知花瓣标注特征值。

2.计算测试样本点（也就是待分类点）到其他已知样本点的距离。

3.对每个距离进行排序，找出距离最小的K个邻居点。

比较K个邻居点所属的类别，哪个类别的邻居多就将测试样本点归入到那一类。

Mind+ 实现：石头、剪刀、布

同学们经常玩石头、剪刀、布的游戏。我们可以与计算机玩这个游戏吗？只要计算机能识别我们的手势，我们就可以和计算机玩石头、剪刀和布的游戏。

思考：人是怎样认识石头、剪刀和布的呢？

在Mind+中，有现成的模块实现KNN算法。

我们要用同样的方法让机器先学会认识石头、剪刀和布。首先用摄像头当计算机的眼睛，再添加一个"机器学习"模块。

【调入"机器学习"】

点击"扩展"，调入功能模块，并选择"功能模块"中的"机器学习"，然后点"返回"。左侧主界面就会有新加入的机器学习功能模块了。

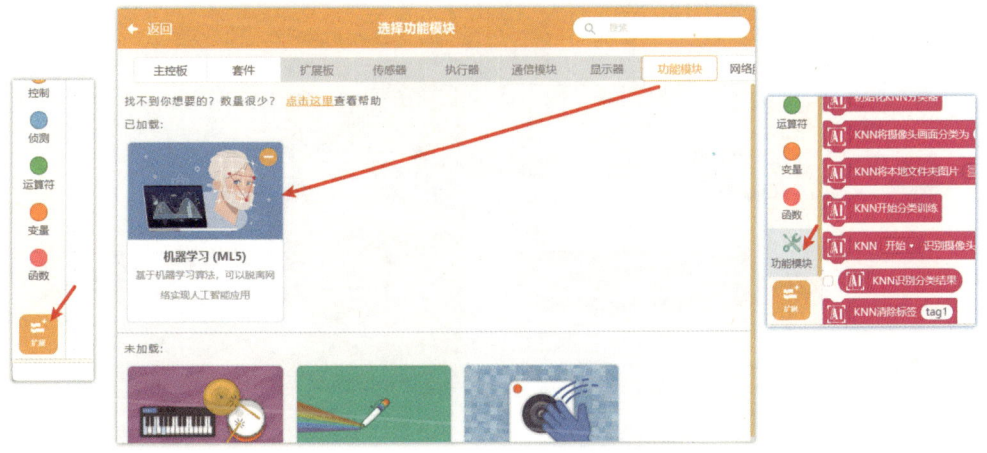

图12-6　调入功能模块

【初始化】

我们通过摄像头获取图像，让计算机判断摄像头中获取的物品是什么。

要开启摄像头并用弹窗显示摄像头的画面进行初始化摄像头和KNN分类器，让计算机做好学习准备。

图12-7 初始化模块

【学习手势】

在KNN算法中，要先让计算机进行学习。方法是给计算机提供相同物品的大量不同角度的图像，并告诉计算机物品的名称，让计算机自己总结出物品的特征。

在这里我们让计算机学会认识四种物品：背景、石头、剪刀和布。

认识背景是在摄像头没有内容时，能显示正确的信息。我们提供不同角度的"石头"，"剪刀"和"布"的手势让计算机充分学习，设定每个手势学习10次。

机器学习的程序如图12-8：

图12-8 学习分类

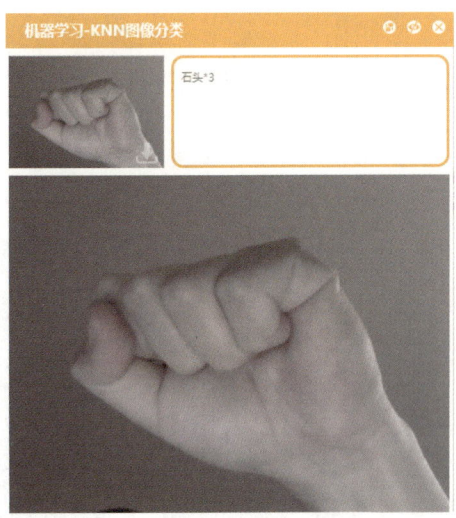

图12-9 学习"石头"

也可以用手机拍摄一组不同手势的照片,导入到电脑中,按手势放入不同的文件夹中,用图12-10的模块导入。在拍照的时候,为了让背景不干扰计算机学习,尽量让背景统一,比如在白墙前面拍照。

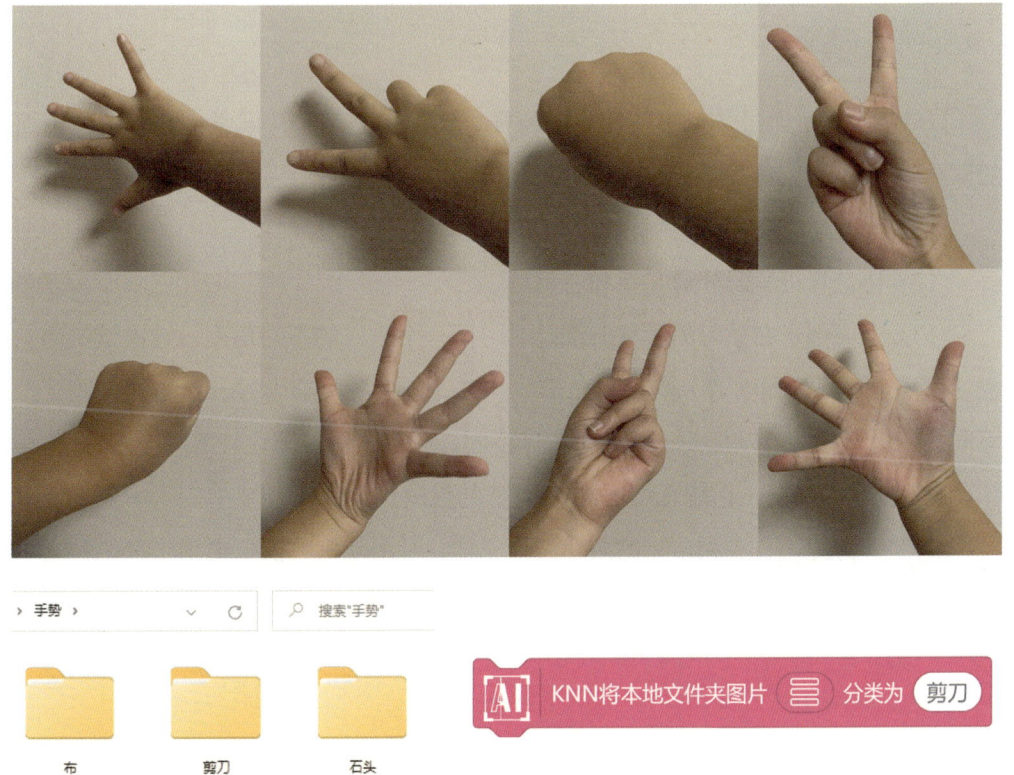

图12-10 用图片进行学习

【识别物品】

计算机学习认识手势完成后，再让计算机进行分类训练，最后就可以实现识别手势的功能。

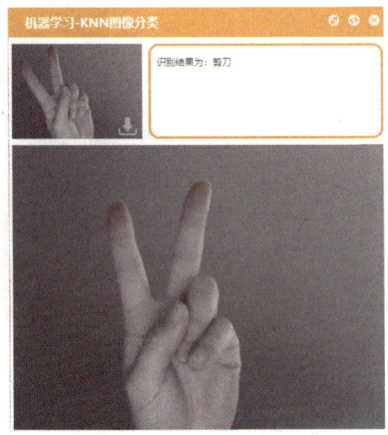

图12-11　识别手势

1．KNN算法通过学习不同物品的特征，实现了分类。请同学们分组选择下面的课题建立分类器，研究KNN算法：

（1）修改学习次数，将例程中的学习10次，改为学习3次；

（2）让计算机学习分辨左手和右手；

（3）上面例子在学习的时候，都是学习同一个东西的不同角度，这次试试同一类的不同个体。比如学习分辨"三角形"和"四边形"，在学习三角形时，画十个不同的三角形——可以是大小不同，角度不同，颜色不同——让计算机学习。

通过上面的实践，你能总结出KNN算法的优缺点吗？

2．将"剪刀、石头和布"的游戏设计完整，利用随机数模拟电脑出拳。

第十三课　语音识别

语音识别技术，也被称为自动语音识别（Automatic Speech Recognition），其目标是将人类的语音中的词汇内容转换为计算机可读的输入。每个人在说话的时候，语音语调语速都有差异，对于人类来说，可以忽略这些差异，明确分辨出文字信息。但是传统计算机程序并不能区分这些差异是属于可以忽略的语音语调，还是不能忽略的含义，所有的信号对于计算机来说都是相等重要。因此，需要人工智能程序，去识别人类的语音。

由于语音识别需要大量的数据输入学习，个人电脑的运算和存储能力都难以胜任，所以一些公司提供了人工智能服务，将自己训练好的模型租借给企业使用，而个人学习也可以免费使用。下面就以百度AI为例，让Mind+精灵能把我们的语音转换成文字。

【注册百度】

要使用百度AI，需要先注册百度账号，然后建立应用。具体操作可以看《注册使用百度AI》，最重要是在Ai.baidu.com得到API KEY和SECRET KEY。

图13-1　获取API KEY和SECRET KEY

【调入功能模块】

点击"扩展",调入功能模块,并选择"网络服务"中的"语音识别"和"文字朗读",然后点"返回"。左侧主界面就会有新加入的网络服务模块。

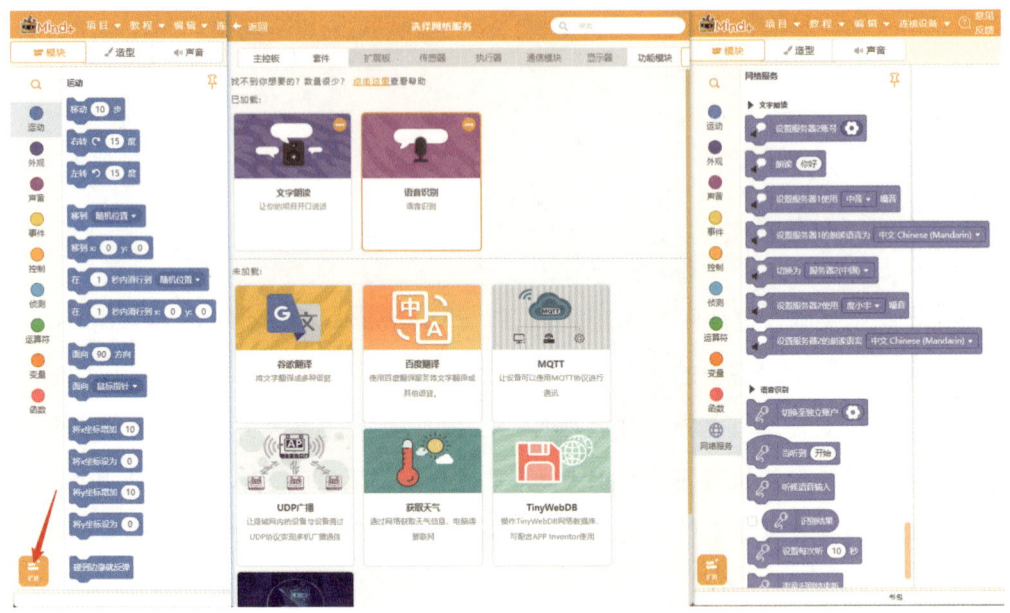

图13-2 载入"语音识别"和"文字朗读"模块

【初始化】

图13-3 初始化模块

点击"切换至独立账户"中的齿轮图标,填入API Key和Secret Key。

【测试语音输入】

图13-4 测试语音输入

【测试语音合成】

点击"设置服务器2账号"的齿轮图标，填入API Key和Secret Key。

图13-5 测试语音合成

【完成程序】

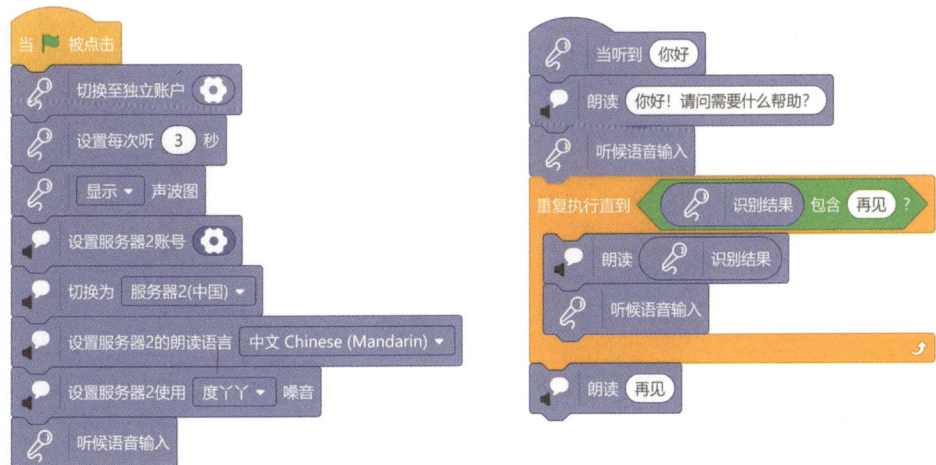

图13-6 语音识别与合成程序

看看这个程序，你能判断出什么时候程序可以正常结束吗？

 编程说明

在这个程序里面，先对模块进行了测试，当测试结束后，再完成自己的程序。这种方法称为"模块测试"。因为一个程序可能包含很多语句，涉及到很多功能，比如这次还涉及到调用百度AI。如果编写完整再测试，当出现错误后很难定位到错误位置，影响修改的效率。因此将程序分成小的模块，分步测试，确定每个模块都能正常工作再把它们组装起来，这样才能更有效率地编写程序。

附　录

 流程图

程序框图是描述算法常用的一种方式。

程序框图中，流程图是描述算法的常用工具，人们通过对输入输出数据和处理过程的详细分析，将计算机的主要运行步骤和内容标识出来。

在我们编程前，流程图往往充当着类似设计图的角色。

流程图由下列的图形符号来表示算法。

1．开始/结束框：表示算法的开始或结束。

2．输入/输出框：表示算法中变量的输入或输出。

3．处理框：表示算法中变量的计算与赋值。

4．判断框：表示算法中的条件判断。

5．流程线：表示算法中的流向。

程序三种基本结构的流程图

1．顺序结构

顺序结构是简单的线性结构，按顺序执行。其流程图的基本形态如下所示，语句的执行顺序为：A→B→C。

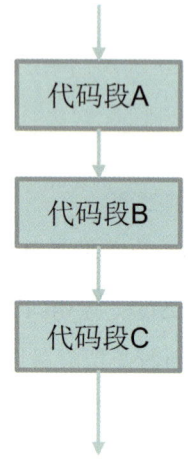

2．选择（分支）结构

选择结构是对某个给定条件进行判断。当条件为真时，选择执行代码段A，当条件为假时，执行代码段B或不执行任何语句。其流程图的基本形态（两种）如下所示：

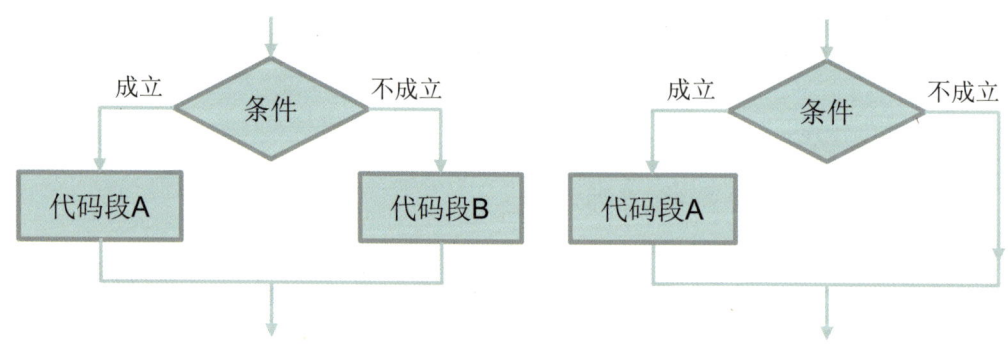

3．循环结构

循环结构是重复的执行某段代码。当条件成立时，执行代码，当条件不成立时，退出循环。其流程图的基本形态如下所示：

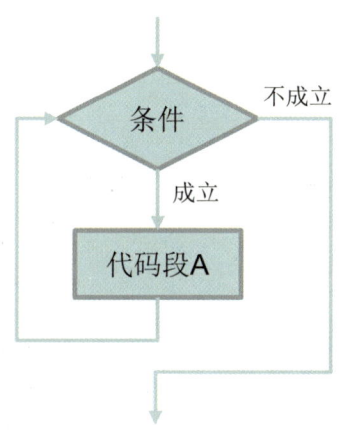

 程序设计高级语言

程序设计语言是用于书写计算机程序的语言。高级程序设计语言形式上接近于算术语言和自然语言，概念上接近于人们通常使用的概念，因此人们常常使用高级语言编写程序。常见的高级语言如Scratch、Python、C++、Delphi、Visual Basic、Java等等。

高级语言程序对比

判断质数

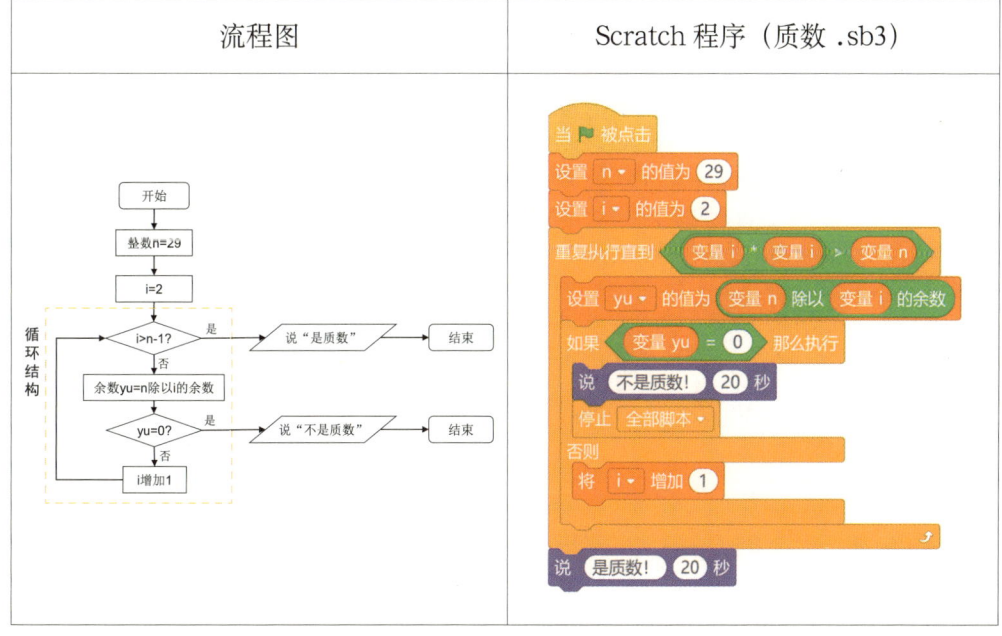

C++ 程序（质数.cpp）	Python 程序（质数.py）

```cpp
#include<bits/stdc++.h>
using namespace std;
int main(){
    int n,i;
    n=29;
    for(i=2;i*i<=n;++i)
        if(n%i==0)
            break;
    if(i*i<=n)
        cout<<"不是质数";
    else
        cout<<"是质数";
    return 0;
}
```

```python
n=29
i=2
while(i*i<=n):
    if n%i==0:
        break
    i=i+1
if i*i<=n:
    print("不是质数")
else:
    print("是质数")
```